高等学校建筑环境与能源应用工程专业推荐教材

建筑给水排水工程

（第二版）

岳秀萍　主编
李伟英　主审

中国建筑工业出版社

图书在版编目（CIP）数据

建筑给水排水工程 / 岳秀萍主编. — 2 版. — 北京：
中国建筑工业出版社，2024.2
高等学校建筑环境与能源应用工程专业推荐教材
ISBN 978-7-112-29607-1

Ⅰ. ①建… Ⅱ. ①岳… Ⅲ. ①建筑工程－给水工程－
高等学校－教材②建筑工程－排水工程－高等学校－教材
Ⅳ. ①TU82

中国国家版本馆 CIP 数据核字(2024)第 020237 号

本书是为高等院校建筑环境与能源应用工程专业编写的教材，按 24～32 学时编写，使用者可根据具体的学时自行取舍。本书主要内容为建筑生活给水、建筑消防给水、建筑排水和建筑内部热水供应系统的设计原理和方法，并对小区给水排水、建筑中水、游泳池及水景给水排水、建筑给水排水工程设计程序、管线综合、节水节能及验收等内容进行了简要介绍。

为了便于教学，作者特别制作了配套课件，任课教师可以通过如下途径申请：
1. 邮箱：jckj@cabp.com.cn，12220278@qq.com
2. 电话：(010) 58337285
3. 建工书院：http://edu.cabplink.com

责任编辑：吕　娜　齐庆梅
责任校对：张　颖

高等学校建筑环境与能源应用工程专业推荐教材
建筑给水排水工程
（第二版）
岳秀萍　主编
李伟英　主审

*

中国建筑工业出版社出版、发行（北京海淀三里河路 9 号）
各地新华书店、建筑书店经销
北京红光制版公司制版
北京云浩印刷有限责任公司印刷

*

开本：787 毫米×1092 毫米　1/16　印张：12¼　字数：304 千字
2024 年 2 月第二版　2024 年 2 月第一次印刷
定价：**39.00 元**（赠教师课件）
ISBN 978-7-112-29607-1
(42171)

版权所有　翻印必究
如有内容及印装质量问题，请联系本社读者服务中心退换
电话：(010) 58337283　QQ：2885381756
（地址：北京海淀三里河路 9 号中国建筑工业出版社 604 室　邮政编码：100037）

第二版前言

本书是在总结 2007 年出版的《建筑给水排水工程》使用情况的基础上修订而成的。本次修订加强了基本概念和理论的论述，参照了相关的现行国家设计标准和规范，充实了建筑给水排水工程新理论、新技术及新设备的内容，更加突出实用性和工程性，且反映了现代建筑给水排水工程的发展现状。本书篇幅适中、深度适宜，便于学习。

本书第一章、第六章、第四章第一节由太原理工大学岳秀萍编写；第五章、第七章由太原市建筑设计研究院范永伟编写；第二章由范永伟、太原理工大学王孝维编写；第三章由范永伟、济南大学王嘉斌编写；第四章第二节由太原理工大学岳秀萍、陈宏平编写。全书由岳秀萍主编，李伟英主审。

本次修订对读者提出的建议和意见均作了认真处理，对不足和错误之处进行了修正。由于编写水平所限，恳请读者提出宝贵意见，以使本书不断完善。

第一版前言

"建筑给水排水工程"课程的前身为苏联给水排水专业的"卫生技术设备"课程，是建筑环境与设备工程专业的一门专业技术课，课程计划一般为 24～32 学时。同时该课程也是给水排水工程专业的一门专业课，计划学时多在 40 学时以上。多年来，建筑环境与设备工程专业一直使用适用于给水排水专业多学时的《建筑给水排水工程》教材，为授课教师带来一些不便。为此，编写了适用于建筑环境与设备工程专业使用的《建筑给水排水工程》教材。

当今 21 世纪的人才市场需要基础扎实、知识面宽、适应能力强的复合型高级人才，人们充分认识到各学科互相渗透与交叉的必要性。本书在编写过程中，以全国高等学校建筑环境与设备工程专业指导委员会编制的"建筑给排水"课程教学基本要求为依据，参照了现行的国家标准《建筑给水排水设计规范》GB 50015—2005、《建筑设计防火规范》GB 50016—2006、《高层民用建筑设计防火规范》GB 50045—95（2005 年版）、《自动喷水灭火系统设计规范》GB 50084—2001、《建筑中水设计规范》GB 50336—2002 等，主要介绍了建筑生活给水、建筑消防给水、建筑排水和热水供应系统的设计原理和方法，并对居住小区给水排水、建筑中水、专用建筑物给水排水、非水灭火剂消防系统和施工验收等内容进行了简要介绍。

本书第一章、第四章中第一节由岳秀萍编写；第二章由岳秀萍、王孝维编写；第三章由岳秀萍和王嘉斌编写；第五章和第七章由岳秀萍、张东伟编写；第四章中第二节由陈宏平编写；第六章由曹京哲编写。全书由岳秀萍主编。感谢清华大学朱颖心教授、北京市建筑设计研究院吴德绳教授级高工审阅了本书，并提出建议。

由于作者水平有限，书中缺点和不足，恳请读者给予指正。

目　　录

绪　　论

　　建筑给水排水是一门应用技术，是研究工业与民用建筑用水供应和污废水的汇集、处置，以满足生活、生产的需求和创造卫生、安全、舒适的生活、生产环境的工程学科。在水的人工循环系统中，建筑给水排水工程上接城市给水工程，下连城市排水工程，处于水循环的中间阶段。它将城市给水管网的水送至用户，如居住小区、工业企业、各类公共建筑等，在满足用水要求的前提下，分配到各配水点和用水设备，供人们生活、生产使用，然后又将使用后因水质变化而失去使用价值的污废水汇集、处置，或排入市政管网进行回收，或排入建筑中水的原水系统以备再生回用。建筑给水排水工程与供暖、通风、空调、供电和燃气等工程共同组成建筑设备工程，具有提高建筑使用质量，高效地发挥建筑为人们生活、生产服务的功能。

　　建筑给水排水学科基础为流体力学及化学。改革开放以来，随着我国经济实力的增强，国际交往的扩大，人民生活水平的提高，各种高档住宅的建设，各种多功能、大体量公共建筑的问世，国外先进设计理念的引入及各种规范标准的制定和完善，这些均促进了建筑给水排水工程学科理论和技术的发展，丰富和扩展了它的研究和设计内容，目前已形成了包括建筑给水排水、建筑消防、建筑水处理、特殊建筑给水排水和居住小区给水排水在内的较完整的建筑给水排水工程研究体系。近年来在以下几个方面得到了发展：（1）住宅设计标准有大幅度调整：增加卫生器具、卫生间设洗衣机位置；局部和集中热水供应增多；一厨两卫、三卫高标准住宅增多；设分户水表计量或一户多表计量等。（2）国内科研工作者对现行的给水设计秒流量计算公式提出了多种修改、修正式，以弥补原计算公式的欠缺和不足。这些新的修正式，结合实践试算，其结果比原计算公式接近用水的实际工况，宏观上步入了概率的计算方法。（3）提高了生活饮用水水质标准，颁布了《饮用净水水质标准》CJ 94—2005 等用水标准；针对防止生活饮用水二次污染开展了课题研究，提出具体措施。（4）开展新型管材、管件研究和推广，在城镇新建住宅中，淘汰砂模铸造排水管用于室内排水管道，推广应用硬聚氯乙烯（PVC-U）塑料排水管和符合《排水用柔性接口铸铁管、管件及附件》GB/T 12772—2016 的柔性接口机制铸铁排水管；禁止使用冷镀锌钢管用于室内给水管道，并根据当地实际情况逐步限时淘汰热浸镀锌钢管，推广应用铝塑复合管、交联聚乙烯（PE-X）管、三型无规共聚聚丙烯（PP-R）管等新型管材。（5）推广节水节能技术：加强污水资源化和提高水的复用率；推荐公共场所采用感应式或延时自闭式水嘴；推荐采用 6L 的冲洗水箱；开发了多种节水型卫生洁具和配件。（6）研发了各种建筑给水、建筑热水、建筑消防设备，如：实现电机软启动、软制动、节能供水设备，变频器自带 PLC（Programmable Logic Controller）；带有触摸屏的可视化控制；DCS（Distributed Control System）控制系统等。

　　高等院校建筑环境与能源应用工程专业学生学习本课程的意义在于：（1）21 世纪建筑市场人才供不应求，用人单位对毕业生在相近专业的知识面和实践能力的要求都大有提高。课程设置应扩展相关学科的交叉内容，拓宽相关专业知识面，为保证学生加宽知识面提供学习的条件，从而增强学生对未来工作的适应性。目前我国的部分建筑设计院、施工和管理单位，"水"与"暖"不分家，即建筑环境与能源应用工程的专业人员需要承担建筑给水排水的工作。（2）建筑内部各个设备专业在设计、施工安装过程中需要密切联系，相互协调，因此要求本专业人员掌握和了解其他设备专业工程技术的基本知识、设计原则和方法，具有综合考虑和合理处理各设备专业之间关系的能力。

本书主要内容为建筑生活给水、建筑消防给水、建筑排水与热水供应系统的设计原理和方法，并对居住小区给水排水、建筑中水、专用建筑物给水排水、非水灭火剂消防系统和施工验收等内容进行了简要介绍。此外，在领会教材内容的基础上，应当加强设计和施工的实践，才能完整地掌握建筑给水排水工程技术。

第一章

建筑生活给水系统

第一节　建筑给水系统的分类与生活给水系统的组成

一、建筑给水系统的分类

按供水对象及其用途，建筑内部给水系统可以分为三类：

（1）生活给水系统：供给人们在日常生活中使用的给水系统，按供水水质可分为生活饮用水系统、直饮水系统和杂用水系统。生活饮用水是用于日常饮用、洗涤、烹饪的水，其水质应符合现行国家标准《生活饮用水卫生标准》GB 5749 的规定；直饮水系统是指以自来水或符合生活饮用水水源水质标准的水为原水，经深度净化处理后直接供给用户直饮的供水系统，其水质和相关要求应符合现行行业标准《饮用净水水质标准》CJ/T 94 和《建筑与小区管道直饮水系统技术规程》CJJ/T 110 的规定；生活杂用水是指冲洗便器、庭院绿化、冲洗汽车或地面冲洗等不与人体相接触的用水，其水质应符合现行《城市污水再生利用城市杂用水水质》GB/T 18920 和《建筑中水设计标准》GB 50336 的规定。

（2）消防给水系统：供给消防设施的给水系统，包括消火栓给水系统、自动喷水灭火系统等。

（3）生产给水系统：供给生产设备的冷却、原材料或产品的洗涤、各类产品生产过程中的工艺用水的给水系统，如生产蒸汽、冷却设备、食品加工和造纸等生产过程中的用水。水质根据生产设备和工艺要求而定。

除上述三种系统外，还可根据用户对水质、水压、水量和水温的要求，并考虑经济、技术和安全等方面的条件，组成不同的联合给水系统，如：生活—生产给水系统；生活—消防给水系统；生产—消防给水系统；生活—生产—消防给水系统等。

二、建筑生活给水系统的组成

建筑内部给水系统的功能是将水自室外市政给水管道（即城市自来水管道）引入室内，按照用户对水质、水量、水压的要求把水送到各个配水点（如配水龙头、生产用水设备、消防设备等）。建筑生活给水系统由以下几部分组成：

（1）引入管——由市政给水管道引到庭院或居住小区给水管网，或是将室外给水管穿过建筑物外墙或基础引入室内给水管网的管段。

（2）水表节点——建筑物总水表装设于引入管上，与附近安装的检修阀门、泄水口、电子传感器、旁通管、止回阀等构成水表节点。

（3）室内给水管网——由水平干管、立管和支管等组成。水平干管是将水从引入管输送至建筑物各区域的管段；立管是将水从干管沿垂直方向输送至各个楼层、不同标高处的管段；支管是将水从立管输送至各个房间或卫生洁具配水点处的管段。

建筑生活给水管道应选用耐腐蚀和安装连接方便可靠的管材，可采用塑料给水管、塑料和金属复合管、铜管、不锈钢管及经过可靠防腐处理的钢管，应符合现行产品标准的要求。

（4）给水附件——用以控制和调节系统内水的流向、水位、流量和压力等，保证系统安全运行的附件，通常是指给水管路上的阀门（包括闸阀、蝶阀、球阀、减压阀、止回阀、浮球阀、液压阀、液压控制阀、泄压阀、排气阀、泄水阀等）、水锤消除器、多功能水泵控制阀、过滤器、减压阀等。给水管道上使用的各类阀门的材质，应耐腐蚀、耐压，可采用全铜、全不锈钢、铁壳铜芯和全塑阀门等。

（5）配水设施——是指生活给水管网终端的用水设施，主要指卫生器具的配水龙头。

（6）给水设施——指给水系统中用于加压、稳压、贮水和调节水量的设备。当室外给水管网水压不足，或室外给水管网水量不足，或用户对水压稳定、对供水安全有特殊要求时，需设置加压或贮水设备，比如：水箱、水泵、贮水池、吸水井、气压给水设备等。

第二节 建筑生活给水方式与系统选择

建筑给水系统的给水方式有多种，应根据建筑物性质、高度、室外管网供水能力，本着节能节水、安全可靠、卫生、经济合理的原则择优选用。

一、给水方式

（一）直接给水方式

由室外给水管网直接供水是最简单且经济的给水方式，如图 1-1 所示，适用于室外给水管网的水量、水压均能满足用水要求的建筑。建筑给水系统应尽量利用外部给水管网的水压直接供水。

在方案设计阶段，建筑生活给水系统能否采用直接给水方式，可按建筑层数用水压估算法进行判断。采用直接给水方式时，室外给水管网（自地面算起）的水压应不小于表 1-1 中的数值。

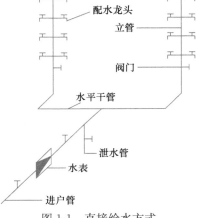

图 1-1 直接给水方式

（图中标注：配水龙头、立管、阀门、水平干管、泄水管、水表、进户管）

按建筑物层数估算给水系统所需的最小压力值   表 1-1

建筑物层数	1	2	3	4	5	6
最小压力值（自地面算起）(kPa)	100	120	160	200	240	280

（二）水箱给水方式

设水箱的给水方式是利用贮水调节的一种给水方式，可在室外给水管网供水压力周期性不足时采用，如图 1-2（a）所示。用水低峰时，利用室外给水管网水压直接向室内给水管网供水，并向水箱补水；用水高峰时，室外管网水压不足，由水箱向建筑给水系统供水。另外，当室外给水管网水压偏高或不稳定时，为满足稳压供水的要求，也可采用设水箱的给水方式，室外管网直接将水输入水箱，由水箱向建筑内给水系统供水，如图 1-2（b）所示。

设水箱的给水方式能贮备一定量的水，在室外管网压力短时不足时，不会中断室内用水。但是高位水箱位于屋顶，需加大建筑梁、柱的断面尺寸，并影响建筑立面处理。

（三）水泵给水方式

水泵给水方式是利用水泵二次加压供水的一种给水方式，宜在室外给水管网水压经常性不足时采用。当建筑内用水量大且均匀时，可用恒速水泵供水；当建筑内用水不均匀时，宜采用一台或多台水泵变速运行供水，以提高水泵的工作效率。为充分利用室外管网

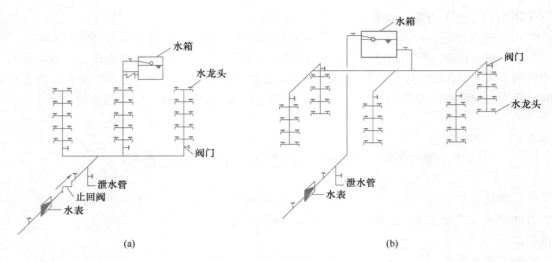

图 1-2　设水箱的给水方式

压力，节省电能，可将水泵与室外管网直接连接，如图 1-3（a）所示。但是，因水泵直接从室外管网抽水，使外网压力降低，影响附近用户用水，严重时还可能造成外网负压，在管道接口不严密时，其周围土壤中的渗漏水会吸入管中，污染水质。所以，当采用水泵直接从室外管网抽水时，必须符合供水部门的有关规定，并采取必要的防护措施，以免水质污染。这种给水方式也可采用水泵与室外管网间接连接的方式，如图 1-3（b）所示。

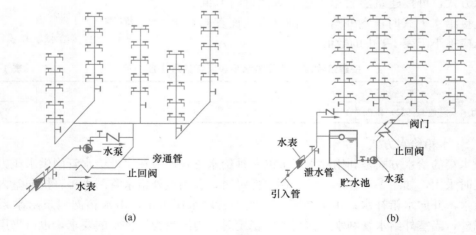

图 1-3　水泵给水方式

（四）水泵—水箱给水方式

　　水泵和水箱的给水方式宜在室外给水管网压力低于或经常不满足建筑内给水管网所需的水压，且室内用水不均匀时采用，如图 1-4 所示。与设水箱给水方式相比，由于水泵能及时向水箱供水，可减小水箱的容积；与水泵给水方式相比，由于水箱有调节水量和贮水功能，选用恒速泵即可保持在高效段运行，供水安全性较高，但存在水箱引起水质二次污染的隐患。

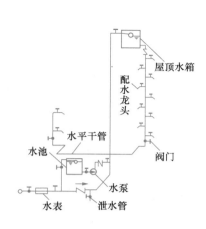

图 1-4　水泵—水箱给水方式

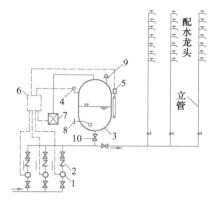

图 1-5　气压给水设备

1—水泵；2—止回阀；3—气压水罐；4—压力
信号器；5—液位信号器；6—控制器；7—补气
装置；8—排气阀；9—安全阀；10—阀门

（五）气压给水设备

气压给水设备是一种集加压、储存和调节供水于一体的供水方式。其工作流程是将水经水泵加压后充入有压缩空气的密闭罐体内，而后借罐内压缩空气的压力将水送到建筑物各用水点，如图 1-5 所示。适用于建筑不宜设置高位水箱的场所，如纪念性、艺术性建筑和地下建筑、地震区等。其缺点是耗能和造价高。

（六）叠压给水方式

叠压给水方式（图 1-6）即水泵吸水管通过小水罐与市政给水管道直接串接的一种给水方式，以充分利用室外给水管网的压力。该方式适用于允许直接串联市政供水管网的生活加压给水系统，具有利用市政供水管网的水压、运行费用低、水质安全卫生、自动化程度高等优点。

（七）分区给水方式

确定建筑给水方式应充分利用室外给水管网的压力（资用水头），当资用水头只能满足底部几层的用水压力要求时，可采用（竖向）分区给水方式，有并联分区、串联分区和减压分区等多种形式。

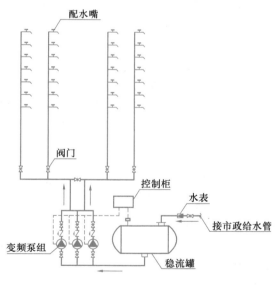

图 1-6　叠压给水方式

并联分区给水方式如图 1-7（a）所示，优点是各区有独立的加压系统，供水可靠性高；设备布置集中，便于维护、管理。缺点是水泵数目较多，高区水泵的扬程较高故输水管道承压大。

建筑高度超过 100m 的高层建筑，应采用逐级加压供水的方式，即串联分区给水方

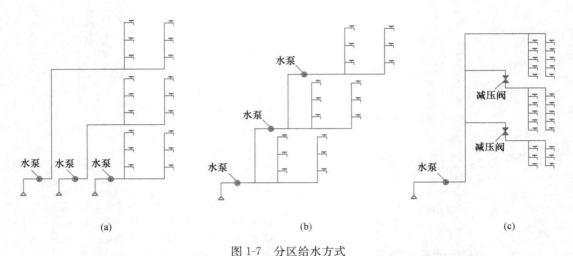

图 1-7　分区给水方式

（a）并联分区给水方式；（b）串联分区给水方式；（c）减压阀减压分区给水方式

式。串联分区给水系统可设中间转输水箱，也可用调速泵组供水，如图 1-7（b）所示。

减压分区给水方式是将水按高区所需的压力一次提升后，再由各区减压阀减压后供水，如图 1-7（c）所示。其特点是地下室设备间水泵机组数目较少，但不节能，在生活给水系统中不推荐采用（可在消防给水系统中采用）。

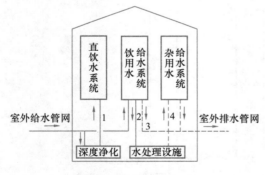

图 1-8　分质给水方式

1—直饮水；2—生活废水；
3—生活污水；4—杂用水

（八）分质给水方式

图 1-8 所示为一建筑物内的自来水系统（即生活饮用水系统）、直饮水系统和生活杂用水系统（中水系统）的流程图。直接利用市政自来水供给清洁、洗涤、冲洗等用水；自来水经过深度净化处理达到饮用净水标准，采用高质量无污染的管材和配件送至用户，可直接饮用；将洗涤等用水收集后加以处理，回用于冲厕、洗车、浇洒绿地等。

二、建筑生活给水系统选择原则

生活给水系统中卫生器具给水配件承受的最大工作压力不得大于 0.60MPa。各分区最低卫生器具配水点静水压不宜大于 0.45MPa（当设有集中热水系统时不宜大于 0.55MPa），供水水压大于 0.35MPa 的住宅入户管或非住宅居住建筑入户管（或配水横管）处宜设减压或调压设施。

建筑高度不超过 100m 的建筑生活给水系统宜采用并联分区方式；超过 100m 的建筑宜采用串联分区方式。

第三节　建筑生活给水管道的布置与敷设

一、管道的布置与敷设

室内给水管道的布置与建筑物性质、结构情况、用水要求及用水点的位置等有关，受供暖、通风、空调和供电等其他建筑设备工程管线布置等因素的影响。

（一）敷设方式

给水管道的敷设有明装、暗装两种形式。明装即管道外露，其优点是安装维修方便，造价低。但外露的管道影响美观，表面易结露、积灰尘，一般用于对卫生、美观没有特殊要求的建筑。暗装即管道隐蔽，如敷设在管道井、技术层、管沟、墙槽、顶棚或夹壁墙中，直接埋地或埋在楼板的垫层里，其优点是管道不影响室内的美观、整洁，但施工复杂，维修困难，造价高。适用于对卫生、美观要求较高的建筑，如宾馆、高级公寓和要求无尘洁净的车间、实验室、无菌室等。

（二）布置原则

管道应尽可能与墙、梁、柱平行，呈直线走向，力求管路简短，以减少工程量，降低造价，不妨碍美观，且便于安装及检修，并处理和协调好各种相关因素的关系。不能有碍于生活、工作和通行，一般可设置在管井、吊顶内或墙角边。干管应布置在用水量大或不允许间断供水的配水点附近，既利于供水安全，又可减少流程中不合理的转输流量，节省管材。

不允许间断供水的建筑引入管不少于2条，应从室外环状管网不同管段引入。

室内给水管道可采用枝状布置，单向供水。

（三）应满足安全、卫生的基本要求

室内给水管道的布置与敷设不得妨碍生产操作、交通运输和建筑物的使用，不应穿越变配电房、电梯机房、通信机房、大中型计算机房、计算机网络中心、音像库房等遇水会损坏设备和引发事故的房间；不得布置在遇水会引起燃烧、爆炸的原料、产品和设备的上面。给水管道不宜穿越橱窗、壁柜。

给水管道不得穿过大便槽和小便槽，且立管离大、小便槽端部不得小于0.5m。塑料给水管道在室内宜暗设，干管和立管应敷设在吊顶、管井、管窿内，支管宜敷设在楼（地）面的找平层内或沿墙敷设在管槽内，但不得直接敷设在建筑物结构层内；明设塑料给水立管应布置在不易受撞击处，距灶台边缘不得小于0.4m，距燃气热水器边缘不宜小于0.2m。塑料给水管道不得布置在灶台上边缘，不得与水加热器或热水炉直接连接，应有不小于0.4m的金属管段过渡。

（四）应保护管道不受损坏

给水埋地管道应避免布置在可能受重物压坏处。管道不得穿越生产设备基础，如遇特殊情况必须穿越时，应与有关专业协商处理。管道不宜穿过伸缩缝、沉降缝，如必须穿越时，应设置补偿管道伸缩和剪切变形的装置。为防止管道腐蚀，管道不允许布置在烟道、风道、电梯井和排水沟内，不允许穿大、小便槽，当立管位于大、小便槽端部不大于0.5m时，在大、小便槽端部应有建筑隔断措施。管道应避免穿越人防地下室，必须穿越时应按人防工程要求设置防护阀门。给水管道穿越地下室或地下构筑物的外墙处、钢筋混

9

凝土水池（箱）的壁板或底板连接管道应设置防水套管。

（五）应便于安装维修

布置管道时其周围要留有一定的空间，以满足安装、维修的要求。需进入检修的管道井，其尺寸应根据管道数量、管径大小、排列方式、维修条件，结合建筑平面和结构形式等合理确定。需进人维修管道的管井，其维修人员的工作通道净宽度不宜小于 0.6m。管道井应每层设外开检修门。

二、管道防护

（一）防腐

明装和暗装的金属管道都要采取防腐措施，以延长管道的使用寿命。通常的防腐做法是管道除锈后，在外壁刷涂防腐涂料。

铸铁管及大口径钢管管内可采用水泥砂浆衬里。

埋地铸铁管宜在管外壁刷冷底子油一遍、石油沥青两道；埋地钢管（包括热镀锌钢管）宜在外壁刷冷底子油一道、石油沥青两道外加保护层（当土壤腐蚀性能较强时可采用加强级或特加强防腐）；钢塑复合管就是钢管加强防腐性能的一种形式，钢塑复合管埋地敷设，其外壁防腐同普通钢管；薄壁不锈钢管埋地敷设，宜采用管沟或外壁应有防腐措施（管外加防腐套管或外缚防腐胶带）；薄壁铜管埋地敷设时应在管外加防护套管。

明装的热镀锌钢管应刷银粉两道（卫生间）或调合漆两道；明装铜管应刷防护漆。

当管道敷设在有腐蚀性的环境中，管外壁应刷防腐漆或缠绕防腐材料。

（二）防冻、防露

敷设在有可能结冻的房间、地下室及管井、管沟等地方的生活给水管道，为保证冬季安全使用应有防冻保温措施。金属管保温层厚根据计算定，但不能小于 25mm。

在湿热的气候条件下，或在空气湿度较高的房间内敷设给水管道，由于管道内的水温较低，空气中的水分会凝结成水附着在管道表面，严重时还会产生滴水，这种管道结露现象不但会加速管道的腐蚀，还会影响建筑的使用，如使墙面受潮、粉刷层脱落，影响墙体质量和建筑美观。防露措施与保温方法相同。

（三）防漏

由于管道布置不当，或管材质量和施工质量低劣，均能导致管道漏水，不仅浪费水量、影响给水系统正常供水，还会损坏建筑，特别是湿陷性黄土地区，埋地管漏水将会造成土壤湿陷，严重影响建筑基础的稳固性。防漏的主要措施是避免将管道布置在易受外力损坏的位置，或采取必要的保护措施，避免其直接承受外力。并要健全管理制度，加强管材质量和施工质量的检查监督。在湿陷性黄土地区，可将埋地管道敷设在防水性能良好的检漏管沟内，一旦漏水，水可沿沟排至检漏井内，便于及时发现和检修。管径较小的管道，也可敷设在检漏套管内。

（四）防振

当管道中水流速度过大时，启闭水龙头、阀门，易出现水击现象，引起管道、附件的振动，不但会损坏管道附件造成漏水，还会产生噪声。为防止管道的损坏和噪声的污染，在设计给水系统时应控制管道的水流速度，在系统中尽量减少使用电磁阀或速闭型水栓。住宅建筑进户管的阀门后（沿水流方向），宜装设家用可曲挠橡胶接头进行隔振，并可在管支架、吊架内衬垫减振材料，以缩小噪声的扩散。

第四节　贮水和加压设备

在室外给水管网压力经常或周期性不足的情况下，建筑生活给水系统需设置贮水和加压设备。

一、贮水设备

（一）贮水池（箱）

贮水池（箱）是储存和调节水量的构筑物，用于调节生活（生产）用水量、储备消防水量和生产事故备用水量，按照用途分为生活用水贮水池（箱）和消防水池。贮水池一般设置在建筑物地下室内邻近水泵房，不应毗邻电气用房或在其上方，且不宜毗邻居住用房或在其下方。

贮水池应设进水管、出水管、溢流管、泄水管和水位信号装置，溢流管管径宜比进水管管径大1级，泄空管管径应按水池（箱）泄空时间和泄水受体的排泄能力确定，一般可按2h内将池内存水全部泄空进行计算。顶部应设有人孔，池底设有水泵吸水坑，吸水坑的大小和深度应满足水泵吸水管的安装要求，应利于水泵自吸抽水。

建筑物内生活用水贮水池（箱）的选址、构造、配管设计等均应满足防止水质污染的要求。其有效容积应按流入量和出水量的变化曲线经计算确定，资料不足时宜按最高日用水量的20%～25%确定。

（二）吸水井

当室外给水管网能满足建筑内所需水量，而供水部门不允许水泵直接从外网抽水时，可设置仅满足水泵吸水要求（无调节要求）的吸水井。

吸水井的有效容积不应小于1台水泵3min的设计流量，并应满足吸水管的布置、安装、检修和防止水深过浅水泵进气等正常工作要求，其最小尺寸见图1-9。

（三）水箱

根据水箱的用途不同，有高位水箱、减压水箱、冲洗水箱、断流水箱等多种，最为常用的为高位水箱。水箱形状通常为圆形或矩形。制作材料有钢板、复合板、不锈钢板、钢筋混凝土、塑料和玻璃钢等。

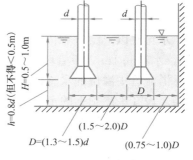

图1-9　吸水管的最小尺寸

高位水箱一般出现在以下几种情况：（1）设水箱给水方式中；（2）水泵—水箱给水方式中；（3）临时高压消防给水系统中的高位消防水箱，储存初期火灾消防用水量。

1. 容积与高度

单设高位水箱时，生活用水水箱的生活用水调节容积宜按用水人数和最高日用水定额确定；水泵—水箱给水方式时（水泵联动提升），其生活用水调节容积不宜小于最大用水时水量的50%；生活—消防共用水箱的有效容积应为生活调节水量、消防储备水量和生产事故备用水量之和。

高位水箱设置高度应满足最不利点的最低工作压力。一般情况下生活用水水箱设置在屋面专用水箱间内即可满足要求，但应经过水力计算校核：

$$h \geqslant H_2 + H_4 \tag{1-1}$$

式中　h——水箱最低水位至最不利配水点位置高度所需的静水压力（kPa）；

H_2——水箱出水口至最不利配水点计算管路的总水头损失（kPa）；

H_4——最不利配水点的流出水头（kPa），一般卫生洁具的最低工作压力在 50～100kPa，家用式燃气热水器要求压力稍大。

2. 配管设计

水箱配管如图 1-10 所示。当利用城市给水管网压力进水时，应在进水管上设置自动水位控制阀，当采用浮球阀时，一般不少于 2 个；当采用水泵加压进水时，水箱进水管不得设置自动水位控制阀，应设置水箱水位自动控制水泵开、停的装置。进水管管径应按水泵供水量或给水管网设计流量确定。水箱进、出水管应分开设置。

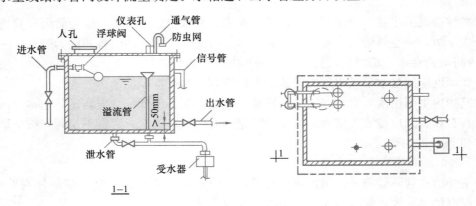

图 1-10　水箱配置

水箱底以上溢流管段的管径应比进水管管径大（为进水管管径的两倍或增加 1～2 号），水箱底 1m 以下管段的管径可采用与进水管直径相等的管径。溢流管上不得装设阀门。溢流管中溢出的水流，必须经过隔断容器后才能与排水管道相连，以防水箱中水受到污染。设在平屋顶上的水箱，溢流管出水可直接排到屋面后排除。

水箱泄水管装在水箱底部，以便排出箱底沉泥及清洗水箱的污水，泄水管大多与溢流管相连接。

水箱宜设水位监视和溢流报警装置，信号传至监控中心。

3. 水箱间

水箱应设置在便于维护、光线和通风良好且不结冻的（如有可能冰冻，水箱应当保温）专门水箱间内。在我国南方地区，水箱大多设置在平屋顶上。为了防止污染，水箱应设置盖板，盖板应设有通气孔，大型水箱盖板的通气口可兼作人孔。

水箱间净高不得低于 2.2m，设置水箱的承重结构应为非燃烧体。

在一般的居住和公共建筑内，可以只设置一个水箱；在高层建筑和重要的公共建筑、生产建筑内有时设置两个水箱，便于清洗。

水箱间的布置间距按表 1-2 采用。

水箱之间及水箱与建筑结构之间的最小净距　　　　　　　　　表 1-2

水箱形式	水箱壁与墙面之间的距离（m）		水箱之间的净距（m）	水箱顶至建筑结构最低点的距离（m）
	有浮球阀一侧	无浮球阀一侧		
圆　形	0.8	0.5	0.7	0.6
矩　形	1.0	0.7	0.7	0.6

二、加压设备——水泵

水泵是给水系统中的主要升压设备。离心泵具有结构简单、体积小、效率高、运转平稳等优点，故在建筑给水工程中得到广泛应用。在水泵中，被加压水仅流过一个叶轮，即仅受一次增压，这种泵叫单级离心泵。为了获得较大的压力，在高层建筑给水系统中常采用多级离心泵，即被加压水依次流过数个叶轮多次增压。

（一）水泵选择

选择水泵应以节能为原则，使水泵在给水系统中大部分时间保持高效运行。当采用设水泵—水箱给水方式时，通常水泵直接向水箱输水，水泵的出水量、扬程几乎不变，选用离心式恒速水泵即可保持高效运行；对于无水量调节设备的给水系统，在电源可靠的条件下，可选用装有自动调速装置的离心式水泵，通过改变水泵的流量、扬程和功率，使水泵变量供水时，保持高效运行。

常用的水泵基本工作参数主要有：（1）流量：在单位时间内通过水泵的水的体积，以符号 Q 表示，单位常用 L/s 或 m^3/h；（2）扬程：当水流过水泵时，水所获得的比能增值，用符号 H 表示，单位是 kPa（mH_2O）；（3）轴功率：水泵从电动机处所得到的全部功率，用符号 N 表示，单位是 kW。

水泵的流量、扬程应根据给水系统所需的流量、压力确定，为保证安全供水，生活和消防水泵应设备用泵。水泵应在其高效区内运行。

1. 流量

在生活（生产）给水系统中，无高位水箱调节（水泵给水方式）时，水泵出水量应满足系统高峰用水要求，以系统设计秒流量选泵；有水箱调节（水泵—水箱给水方式）时，水泵流量可按最大小时用水量确定。

消防水泵流量应以室内消防设计用水量确定。

2. 扬程

当水泵从室外给水管网直接吸水时：

$$H_b \geqslant H_1 + H_2 + H_3 + H_4 - H_0 \qquad (1-2)$$

式中　H_b——水泵扬程（kPa）；

　　　H_1——引入管至最不利配水点位置高度所要求的静水压（kPa）；

　　　H_2——水泵吸水管和出水管至最不利配水点计算管路的总水头损失（kPa）；

　　　H_3——水流通过水表时的水头损失（kPa）；

　　　H_4——最不利配水点的流出水头（kPa）；

　　　H_0——室外给水管网所能提供的最小压力（kPa）。

根据以上计算选定水泵后，还应以室外给水管网的最大水压校核水泵的工作效率和超压情况，若室外给水管网出现最大压力时，水泵扬程过大，为避免管道、附件损坏，应采取相应的保护措施，如采用扬程不同的多台水泵并联工作，或设水泵回流管、管网泄压管等。

当水泵与室外给水管网间接连接，从贮水池（或水箱）抽水时：

$$H_b \geqslant H_1 + H_2 + H_4 \tag{1-3}$$

式中　H_1——贮水池最低水位至最不利配水点位置高度所需的静水压（kPa）；

H_b、H_2、H_4 同公式（1-2）。

（二）水泵设置与布置

离心式水泵的工作方式有吸入式和自灌式两种：泵轴高于吸水池水面的叫吸入式，需要配置抽气或灌水装置（如真空泵、底阀、水射器等）；自灌式吸水是指水泵启动时，卧式水泵的泵壳内应全部充满水，立式水泵至少第一级泵壳内应充满水。自灌式吸水不仅可省掉真空泵等抽气设备，且有利于实现水泵的自动控制。水泵宜采用自灌式充水。

每台水泵宜设独立的吸水管，以免相邻水泵抽水时相互影响。自灌式吸水的水泵吸水管上要设阀门，并宜装设管道过滤器。多台水泵共用吸水管时，可采用单独从吸水总管上自灌吸水，从安全角度出发，吸水总管伸入水池的引水管不宜少于 2 条，每条上均应设闸阀，当一条引水管发生故障时，其余引水管应满足全部设计流量。

水泵出水管上要设阀门、止回阀和压力表，并宜有防水锤措施，如采用缓闭止回阀、气囊式水锤消除器等。

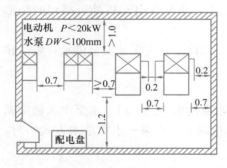

图 1-11　水泵机组间距

水泵机组一般设置在水泵房内，泵房应远离防振、防噪声要求较高的房间，室内要有良好的通风、采光、防冻和排水措施。水泵的布置要便于起吊设备的操作，管道连接力求管线短，弯头少，其间距要保证检修时能拆卸、放置电机和泵体，并满足维修要求，如图 1-11 所示。为操作安全，防止操作人员误触快速运转中的泵轴，水泵机组应设高出地面 0.1m 以上的基础。当水泵基础需设在基坑内时，则基坑四周应有高出地面不小于 0.1m 的防水栏。

水泵房的高度，在无吊车起重设备时不应小于 3.2m（指室内地面至梁底的距离）；当有吊车起重设备时应按具体情况决定。泵房的门的宽度和高度，应根据设备运入的方便决定。开窗总面积应不小于泵房地板面积的 1/6，靠近配电箱处不得开窗（可用固定窗）。

为减少水泵运转时对周围环境的影响，应对水泵进行减振、隔振处理。水泵机组的减振、隔振主要由减振基座（惰性块）、减振垫（隔振器）及固定螺栓等组成。图 1-12 为水泵减振、隔振安装示意。

三、气压给水设备

气压给水设备的理论依据是根据波义耳-马略特定律，即在定温条件下，一定质量气体的绝对压力和它所占的体积成反比。它利用密闭罐中压缩空气的压力变化，调节和压送水量，在给水系统中主要起增压和水量调节作用。

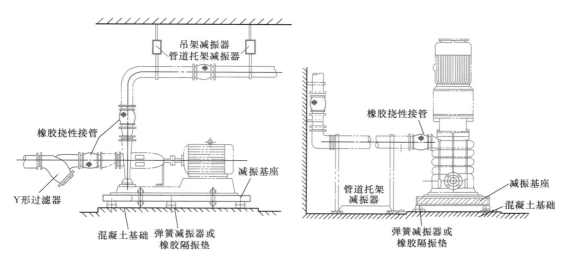

图 1-12 水泵减振、隔振安装示意

一般来讲气压给水方式投资不大，技术难度不大，安装就位方便。但是，气压给水设备调节容量较小，耗钢材量大，对电源有相对可靠的要求，且不节能（启动频繁，耗能多）。目前多用作消防系统（消火栓系统和自动喷水灭火系统）中的稳压装置，以及一些有隐蔽或抗震要求的建筑给水系统中。选择气压给水系统时，根据工程具体条件可采用高位气压给水系统，也可采用低位气压给水系统。一般应采用自灌式气压给水系统，在条件受到限制时，可选用抽吸式气压给水系统。

（一）气压给水设备的类型

按气压给水设备输水压力稳定性，可分为变压式和定压式两类。按气压给水设备罐内气、水接触方式，可分为补气式和隔膜式两类。

1. 变压式与定压式

变压式气压给水设备在向建筑内部给水管网输水过程中，水压处于变化状态。按照气水同罐或是气水分罐，又分为单罐式、双罐式。图 1-13 为单罐式变压式气压给水设备，罐内的水在压缩空气起始压力 P_2 的作用下，由气压作用送至室内给水管网。随着罐内水位的下降，压缩空气体积膨胀，气体压力减小，当压力降至最小工作压力 P_1 时，压力信号器动作启动水泵。水泵出水进入室内给水管网的同时向罐内补水，罐内水位再次上升，空气压力逐渐恢复到 P_2 时，压力信号器动作停泵，随后由气压水罐向管网供水。

定压式气压给水设备是在单罐变压式气压给水设备的供水管上安装了压力调节阀，或是在双罐变压式气压给水设备的压缩空气连通管上安装压力调节阀，如图 1-14 所示。将阀出口气压控制在要求范围内，以使供水压力稳定。

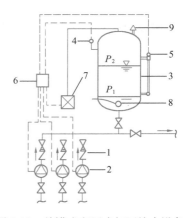

图 1-13 单罐式变压式气压给水设备

1—止回阀；2—水泵；3—气压水罐；
4—压力信号器；5—液位信号器；
6—控制器；7—补气装置；
8—排气阀；9—安全阀

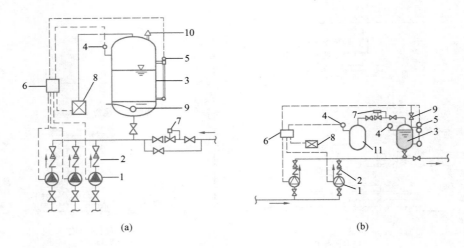

(a)　　　　　　　　　　　　　　　(b)

图 1-14　定压式气压给水设备

（a）单罐；（b）双罐

1—水泵；2—止回阀；3—气压水罐；4—压力信号器；5—液位信号器；6—控制器；

7—压力调节阀；8—补气装置；9—排气阀；10—安全阀；11—贮气罐

2. 补气式与隔膜式

补气式气压给水设备是指在气压水罐中气、水直接接触，设备运行过程中，部分气体溶于水中，随着气量的减少，罐内压力下降，为保证给水系统的设计工况需设补气调压装置。

隔膜式气压给水设备在气压水罐中设置弹性橡胶隔膜将气、水分离，不但水质不易污染，气体也不会溶入水中，故不须设补气调压装置。橡胶隔膜主要有帽形、囊形两类，囊形隔膜又有球、梨、斗、筒、折、胆囊之分，两类隔膜均固定在罐体法兰盘上，分别见图 1-15（a）、（b），囊形隔膜可缩小气压水罐固定隔膜的法兰，气密性好，调节容积大，且隔膜受力合理，各类气压给水设备均由水泵机组、气压水罐、电控系统、管路系统等部

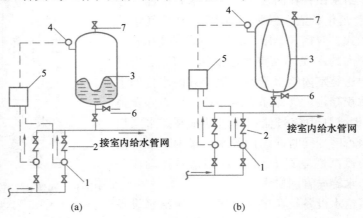

(a)　　　　　　　　　　　　　　　(b)

图 1-15　隔膜式气压给水设备

（a）帽形隔膜；（b）胆囊形隔膜

1—水泵；2—止回阀；3—隔膜式气压水罐；4—压力信号器；

5—控制器；6—泄水阀；7—安全阀

分组成，除此之外，补气和隔膜式气压给水设备分别附有补气调压装置和隔膜。

（二）气压给水设备的设计计算

气压给水设备的设计计算内容包括气压水罐容积确定及水泵配置，计算步骤为：

（1）首先确定用水定额和用水人数，求最高日的总用水量。

（2）根据小时变化系数求最高日最大小时用水量。

（3）水泵出水量为最大小时的 1.2 倍。

（4）根据选用的安全系数和水泵小时启动次数求出气压水罐的调节容积。

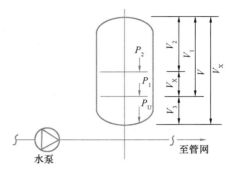

图 1-16　气压水罐容积计算示意图

（5）根据气压水罐内的工作压力比 α_b 和气压罐的调节容积确定气压罐的总容积。

根据图 1-16，由波义耳—马略特定律有：

$$V_q P_0 = V_1 P_1 = V_2 P_2$$

$$V_{q\ell} = V_1 - V_2$$

$$V_{q\ell} = V_q \frac{P_0}{P_1}\left(1 - \frac{P_1}{P_2}\right)$$

$$V_q = V_{q\ell} \frac{\dfrac{P_1}{P_0}}{1 - \dfrac{P_1}{P_2}}$$

令：

$$\alpha_b = \frac{P_1}{P_2}; \ \beta = \frac{P_1}{P_0}$$

则：

$$V_q = \frac{\beta V_{q\ell}}{1 - \alpha_b} \tag{1-4a}$$

水调节容积为：

$$V_{q\ell} = \alpha_a \frac{q_b}{4 n_q} \tag{1-4b}$$

式中　V_q——气压水罐的总容积（m³）；

P_0——气压水罐无水时的气体压力，即启用时罐内的充气压力（绝对压力）（MPa）；

P_1——气压水罐最小工作压力（绝对压力），P_1 取给水系统所需压力 H（MPa）；

P_2——气压水罐最大工作压力（绝对压力）（MPa）；

V_1——罐内压力为 P_1 时罐内气体的体积（m³）；

V_2——罐内压力为 P_2 时罐内气体的体积（m³）；

α_b——P_1 与 P_2 之比，其值增大则 V_q 增大，钢材用量和成本增加；反之 P_2 增大，水泵扬程高，耗电量增加，所以 α_b 取值应经技术经济分析后确定，宜采用 0.65～0.85，在有特殊要求时，也可在 0.50～0.90 范围内选用；

β——容积附加系数，反映了罐内无水量调节作用的附加水容积的大小，隔膜式气压水罐宜为 1.05，补气式卧式水罐宜为 1.25、补气式立式水罐宜为 1.10；

V_{ql}——气压水罐的水调节容积（m^3）；

q_b——水泵出水量，当罐内为平均压力时，一般取管网最大小时流量的 1.2 倍（m^3/h）；

n_q——水泵在 1h 内启动次数，宜采用 6~8 次；

α_a——安全系数，宜采用 1.0~1.3。

【例 1-1】 某住宅小区共有三幢楼共 240 户，每户人口按 4 人计，用水量定额 240L/（人·d），小时变化系数 K_h 为 2.5。采用隔膜式气压供水装置，试计算气压罐总容积。

【解】 该住宅小区最高日最大小时用水量为：

$$Q_h = \frac{240 \times 4 \times 240}{24 \times 1000} \times 2.5 = 24 m^3/h$$

水泵出水量：

$$q_b = 1.2 Q_h = 1.2 \times 24 = 28.8 m^3/h$$

取 α_a=1.3，n_q=6，则气压水罐的调节容积为：

$$V_{ql} = \alpha_a \frac{q_b}{4n_q} = \frac{1.3 \times 28.8}{4 \times 6} = 1.56 m^3$$

取 α_b=0.8、β=1.05，则气压水罐总容积为：

$$V_q = \frac{\beta V_{ql}}{1 - \alpha_b} = \frac{1.05 \times 1.56}{1 - 0.8} = 8.19 m^3$$

答：气压罐总容积为 8.19m^3。

第五节　建筑生活给水管道设计计算

一、最高日用水量与最大小时用水量

用水定额是指在某一度量单位内（单位时间、单位产品等）被居民或其他用水所消费的水量。对于生活饮用水，用水定额就是居民每人每天所消费的水量，与各地的气候条件、生活习惯、生活水平及卫生设备的设置情况有关。

小时变化系数是指最高日最大时用水量与平均时用水量的比值，用来反映生活给水系统用水的不均匀程度。表 1-3、表 1-4 为《建筑给水排水设计标准》GB 50015—2019（以下简称《建水标准》）中的住宅、公共建筑的生活用水定额等设计参数。

住宅生活用水定额及小时变化系数　　　　　　　　　　　　　　　　表 1-3

住宅类型	卫生器具设置标准	最高日用水定额 [L/(人·d)]	平均日用水定额[L/(人·d)]	最高日小时变化系数 K_h
普通住宅	有大便器、洗脸盆、洗涤盆和洗衣机、热水器和沐浴设备	130~300	50~200	2.8~2.3
	有大便器、洗脸盆、洗涤盆、洗衣机、集中热水供应（或家用热水机组）和沐浴设备	180~320	60~230	2.5~2.0

续表

住宅类型	卫生器具设置标准	最高日用水定额 [L/(人·d)]	平均日用水 定额[L/(人·d)]	最高日小时 变化系数 K_h
别墅	有大便器、洗脸盆、洗涤盆、洗衣机、洒水栓、家用热水机组和沐浴设备	200～350	70～250	2.3～1.8

注：1. 当地主管部门对住宅生活用水标准有规定的，按当地规定执行。
　　2. 别墅生活用水定额中含庭院绿化用水和汽车抹车用水，不包括游泳池补充水。

公共建筑（部分）生活用水定额及小时变化系数　　　　表 1-4

序号	建筑物名称及卫生器具 设置标准		单位	生活用水定额（L）		小时变化 系数 K_h	每日使用 时间（h）
				最高日	平均日		
1	宿舍	居室内设卫生间	每人每日	150～200	130～160	3.0～2.5	24
		设公用盥洗卫生间		100～150	90～120	6.0～3.0	
2	招待所、培训中心、普通旅馆	设公用卫生间、盥洗室	每人每日	50～100	40～80	3.0～2.5	24
		设公用卫生间、盥洗室、淋浴室		80～130	70～100		
		设公用卫生间、盥洗室、淋浴室、洗衣室		100～150	90～120		
		设单独卫生间、公用洗衣室		120～200	110～160		
3	酒店式公寓		每人每日	200～300	180～240	2.5～2.0	24
4	宾馆客房	旅客	每床位每日	250～400	220～320	2.5～2.0	24
		员工	每人每日	80～100	70～80	2.5～2.0	8～10

注：1. 本表所列为部分公共建筑的生活用水定额及小时变化系数，详见《建筑给水排水设计标准》GB 50015。
　　2. 除注明外，均不含员工生活用水，员工最高日用水定额为每人每日 40～60L，平均日用水定额为每人每日 30～45L。
　　3. 空调用水应另计。

生活给水系统的最高日用水量可根据用水定额、小时变化系数和用水单位数等，按下式计算：

$$Q_d = mq_d \tag{1-5}$$

若工业企业为分班工作制，最高日用水量 $Q_d = mq_d n$，其中 n 为生产班数，若每班生产人数不等，则 $Q_d = \sum m_i q_d$。

最高日平均小时用水量为：

$$Q_p = \frac{Q_d}{T}$$

$$K_h = \frac{Q_h}{Q_p}$$

故最高日最大小时用水量为：

$$Q_h = Q_p \cdot K_h \tag{1-6}$$

式中　Q_d——最高日用水量（L/d）；

　　　m——用水单位数，人或床位数等，工业企业建筑为每班人数；

q_d——最高日生活用水定额 [L/（人·d）、L/（床·d）或 L/（人·班）]；

Q_p——平均小时用水量（L/h）；

T——建筑物生活用水时间，工业企业建筑为每班用水时间（h）；

K_h——小时变化系数；

Q_h——最大小时用水量（L/h）。

二、设计秒流量

住宅建筑物中的用水情况在一昼夜间是极不均匀的，并且"逐时逐秒"地在变化。因此在设计室内给水管网时，必须考虑最不利时刻的最大用水量。所以，在建筑生活给水管道水力计算中采用设计秒流量，即生活给水配水管道中可能出现的最大瞬时流量。

（一）卫生器具给水当量

设计秒流量是根据建筑物内卫生器具类型数量和这些器具满足使用情况的用水量确定的。为了便于计算，引用"卫生器具给水当量"这一术语。每种卫生器具配水口在单位时间内流出的水量被定义为额定流量。卫生器具给水当量是指以某一卫生器具（如污水盆）额定流量为基数，其他卫生器具的额定流量与其的比值。取 0.2L/s 作为 1 个给水当量，各种类型卫生器具给水当量值见表 1-5。

卫生器具的给水额定流量、当量、连接管公称管径和工作压力 表 1-5

序号	给水配件名称	额定流量（L/s）	当 量	连接管公称管径（mm）	工作压力（MPa）
1	洗涤盆、拖布盆、盥洗槽 　单阀水嘴 　单阀水嘴 　混合水嘴	0.15～2.00 0.30～0.40 0.15～0.20(0.14)	0.75～1.00 1.50～2.00 0.75～1.00(0.70)	15 20 15	0.100
2	洗脸盆 　单阀水嘴 　混合水嘴	0.15 0.15(0.10)	0.75 0.75(0.50)	15	0.100
3	洗手盆 　感应水嘴 　混合水嘴	0.10 0.15(0.10)	0.50 0.75(0.05)	15	0.100
4	浴盆 　单阀水嘴 　混合水嘴(含带淋浴转换器)	0.20 0.24(0.20)	1.00 1.20(1.00)	15	0.100
5	淋浴器 　混合阀	0.15(0.10)	0.75(0.50)	15	0.100～0.200
6	大便器 　冲洗水箱浮球阀 　延时自闭式冲洗阀	0.10 1.20	0.50 6.00	15 25	0.050 0.10～0.15
7	小便器 　手动或自动自闭式冲洗阀 　自动冲洗水箱进水阀	0.10 0.10	0.50 0.50	15	0.050 0.020
8	小便槽穿孔冲洗管(每 m 长)	0.05	0.25	15～20	0.015
9	净身盆冲洗水嘴	0.10(0.07)	0.50(0.35)	15	0.100

序号	给水配件名称	额定流量 （L/s）	当　　量	连接管公 称管径 （mm）	工作压力 （MPa）
10	医院倒便器	0.20	1.00	15	0.100
11	实验室化验水嘴（鹅颈） 　单联 　双联 　三联	0.07 0.15 0.20	0.35 0.75 1.00	15	0.020
12	饮水器喷嘴	0.05	0.25	15	0.050
13	洒水栓	0.40 0.70	2.00 3.50	20 25	0.050～0.100
14	室内地面冲洗水嘴	0.20	1.00	15	0.100
15	家用洗衣机水嘴	0.20	1.00	15	0.100

注：1. 表中括弧内的数值系在有热水供应时，单独计算冷水或热水时使用。

　　2. 当浴盆上附设淋浴器时或混合水嘴有淋浴器转换开关时，其额定流量和当量只计水嘴，不计淋浴器，但水压应按淋浴器计。

　　3. 卫生器具给水配件所需额定流量和工作压力有特殊要求时，其值应按产品要求确定。

（二）设计秒流量计算公式

《建水标准》中设计秒流量有三种计算方法，分别是概率法、平方根法和同时使用百分数法。

1. 住宅的给水管道设计秒流量采用概率法

首先根据每户配置的卫生器具给水当量、使用人数、用水定额、小时变化系数、用水时间，计算出最大用水时卫生器具给水当量平均出流概率 U_0：

$$U_0 = \frac{100 q_0 m k_h}{0.2 \cdot N_{g0} \cdot T \cdot 3600}（\%） \tag{1-7a}$$

式中　q_0——最高用水日的用水定额 [L/（人·d）]；

　　　m——每户用水人数；

　　　k_h——小时变化系数；

　　　T——用水时数（h），一般为24h；

　　　N_{g0}——每户设置的卫生器具给水当量数。

然后，根据计算管段上的卫生器具给水当量总数，计算出该管段的卫生器具给水当量的同时出流概率 U：

$$U = 100 \frac{1 + \alpha_c (N_g - 1)^{0.49}}{\sqrt{N_g}} \quad（\%） \tag{1-7b}$$

式中　α_c——对应于不同的 U_0 的系数，查附录1-1；

　　　N_g——计算管段的卫生器具给水当量数。

最后，根据计算管段的卫生器具给水当量同时出流概率 U，计算该管段的设计秒流量 q_g：

$$q_g = 0.2 \cdot U \cdot N_g \quad （L/s） \tag{1-7c}$$

为简化计算，制成设计秒流量计算表可供查用（见附录1-2）。当给水当量数超过表中最大值时，其流量可按 $q_g = 0.2U_O N_g$ 计算。

对供给两条或两条以上支管的给水干管，当各支管具有不同的最大用水的卫生器具给水当量平均出流概率时，该给水干管的最大时卫生器具给水当量平均出流概率按下式计算：

$$\overline{U}_O = \frac{\Sigma U_{Oi} N_{gi}}{\Sigma N_{gi}} \tag{1-7d}$$

式中 $\overline{U}_O$——给水干管承载的卫生器具给水当量平均出流概率；

U_{Oi}——支管最大用水时卫生器具给水当量平均出流概率；

N_{gi}——相应支管的卫生器具给水当量总数。

2. 分散型建筑生活给水管道设计秒流量采用平方根法

宿舍（居室内设卫生间）、旅馆、宾馆、酒店式公寓、门诊部、诊疗所、医院、疗养院、幼儿园、养老院、办公楼、商场、图书馆、客运站、航站楼、会展中心、教学楼、公共厕所等建筑，具有用水时间和空间比较分散的用水特点，比如，用水时段不集中，用水器具布置分散，其生活给水设计秒流量按下式计算：

$$q_g = 0.2\alpha\sqrt{N_g} \tag{1-8}$$

式中 q_g——计算管段的设计秒流量（L/s）；

α——根据建筑物用途确定的系数值，按表 1-6 选用；

N_g——计算管段的卫生器具给水当量总数。

根据建筑物用途确定的系数（α）值   表 1-6

建筑物名称	α 值	建筑物名称	α 值
幼儿园、托儿所、养老院	1.2	学校	1.8
门诊部、诊疗所	1.4	医院、疗养院、休养所	2.0
办公楼、商场	1.5	酒店式公寓	2.2
图书馆	1.6	宿舍（居室内设卫生间）、旅馆、招待所、宾馆	2.5
书店	1.7	客运站、航站楼、会展中心、公共厕所	3.0

使用该公式应注意的问题：（1）如计算值小于该管段上一个最大卫生器具给水额定流量时，应采用一个最大的卫生器具给水额定流量作为设计秒流量；（2）如计算值大于该管段上按卫生器具给水额定流量累加所得流量值时，应采用卫生器具给水额定流量累加所得流量值；（3）有大便器延时自闭冲洗阀的给水管段，大便器延时自闭冲洗阀的给水当量均以 0.5 计，计算得到附加 1.20L/s 的流量后，为该管段的给水设计秒流量；（4）综合性建筑的 α 值应加权平均。

对综合楼建筑的 α 值应按加权平均数计算：

$$\alpha = \frac{\alpha_1 N_{g1} + \alpha_2 N_{g2} + \cdots + \alpha_n N_{gi}}{\Sigma N_g}$$

式中 α_1、α_2、$\cdots$、α_n——为该管段上不同建筑功能用途对应的系数值；

N_{g1}、N_{g2}、$\cdots$、N_{gi}——为该管段上各种类型卫生器具的给水当量之和。

3. 密集型建筑生活给水管道设计秒流量采用同时使用百分数法

宿舍（设公共盥洗卫生间）、工业企业生活间、公共浴室、职工（学生）食堂或营业餐馆的厨房、体育场馆、剧院、普通理化实验室等建筑，具有用水时段较为集中，用水器具布置也较为集中，其生活给水管道设计秒流量按下式计算：

$$q_g = \Sigma q_O N_O b \tag{1-9}$$

式中　q_O——同类型的一个卫生器具给水额定流量（L/s）；

　　　N_O——同类型卫生器具数；

　　　b——卫生器具的同时给水的百分数，按表1-7采用。

使用该公式应注意的问题：（1）如计算值小于管段上一个最大卫生器具给水额定流量时，应采用一个最大的卫生器具给水额定流量作为设计秒流量；（2）仅对有同时使用可能的器具进行叠加；（3）大便器自闭式冲洗阀应按单列计算，当计算值小于1.2L/s时，以1.2L/s计；当计算值大于1.2L/s时，以计算值计。

卫生器具同时给水百分数（％）　　　　　　　　　　　　　　　　表1-7（a）

卫生器具名称	同时给水百分数				
	工业企业生活间	公共浴室	影剧院	体育场馆	宿舍（设公用盥洗室卫生间）
洗涤盆（池）	33	15	15	15	—
洗手盆	50	50	50	70（50）	—
洗脸盆、盥洗槽水嘴	60～100	60～100	50	80	5～100
浴盆	—	50	—	—	—
无间隔淋浴器	100	100	—	100	20～100
有间隔淋浴器	80	60～80	(60～80)	(60～100)	5～80
大便器冲洗水箱	30	20	50（20）	70（20）	5～70
大便槽自动冲洗水箱	100	—	100	100	100
大便器自闭式冲洗阀	2	2	10（2）	5（2）	1～2
小便器自闭式冲洗阀	10	10	50（10）	70（10）	2～10
小便器（槽）自动冲洗水箱	100	100	100	100	—
净身盆	33	—	—	—	—
饮水器	30～60	30	30	30	—
小卖部洗涤盆	—	50	50	50	—

注：1. 表中括号中的数值为电影院、剧院的化妆间、体育场馆运动员休息室相应的系数。
　　2. 健身中心的卫生间，可采用本表体育场馆运动员休息室的同时给水百分率。

职工食堂、营业餐馆厨房设备同时给水百分数（％）　　　　　　　表1-7（b）

厨房设备名称	同时给水百分数（％）	厨房设备名称	同时给水百分数（％）
洗涤盆（池）	70	开水器	50
煮锅	60	蒸汽发生器	100
生产性洗涤机	40	灶台水嘴	30
器皿洗涤机	90		

注：职工或学生食堂的洗碗台水嘴，按100％同时给水，但不与厨房用水叠加。

实验室化验水嘴同时给水百分数（％）　　　　　　　　　　　　　表1-7（c）

水嘴名称	同时给水百分数（％）	
	科学研究实验室	生产实验室
单联化验水嘴	20	30
双联或三联化验水嘴	30	50

【例1-2】 一栋5层商场，内设洗手盆（$N_g=0.50$）20只，大便器（$N_g=0.50$）50只，小便器（$N_g=0.50$）30只，拖布盆（$N_g=1.00$）5只，α 为1.5，该楼由变频水泵供水，则该变频水泵的流量为多少？

【解】 无高位水箱调节的水泵给水方式中，水泵出水量应以系统设计秒流量计算。故本题意是求解设计秒流量。

商场建筑生活给水设计秒流量按下式计算：

$$q_g=0.2\alpha\sqrt{N_g}$$
$$N_g=20\times0.5+50\times0.5+30\times0.5+5\times1.0=55$$
$$q_g=0.2\alpha\sqrt{N_g}=0.2\times1.5\times\sqrt{55}=2.22\text{L/s}$$

经校核，计算值大于该管段上一个最大卫生器具给水额定流量；计算值小于该管段上按卫生器具给水额定流量累加所得流量值。

故：该变频水泵的流量为2.22L/s。

【例1-3】 某10层普通住宅生活给水管道如图1-17所示，最高日用水定额取250L/(人·d)。每户设有2个卫生间，每个卫生间内设有坐便器（冲洗水箱浮球阀）、洗脸盆、1个淋浴器或1个浴盆，厨房设有洗涤盆1个。采用集中热水供应系统，每户按4人计。问：(1) U_o 是多少？(2) 图1-17中各管段的生活给水（冷水）设计流量是多少？

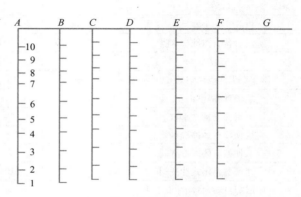

图1-17　例1-3图

【解】 用水定额取250L/(人·d)时，按照内插法，小时变化系数为：

$$K_h=2.5-\frac{2.5-2.0}{(320-180)}(250-180)=2.25$$

每户卫生器具当量数为（查表1-5）：坐便器当量0.5、洗脸盆当量0.5、淋浴器当量0.5、浴盆当量1.0、洗涤盆当量0.7、洗衣机当量1.0，则每户给水当量为：

$$N_g=（0.5\times2）+（0.5\times2）+0.5+1.0+0.7+1.0=5.2$$

以管段1-2为例，计算管段最大用水时卫生器具的给水当量平均出流概率为：

$$U_o=\frac{q_0\times m\times K_h}{0.2\times N_g\times T\times3600}\times100\%=\frac{250\times4\times2.25}{0.2\times5.2\times24\times3600}=2.5\%$$

查附录1-1，当 U_0 取2.5%，对应的 α_c 为0.01512

计算管段卫生器具给水当量的同时出流概率为：

$$U=\frac{1+\alpha_c(N_g-1)^{0.49}}{\sqrt{N_g}}=\frac{1+0.01512(5.2-1)^{0.49}}{\sqrt{5.2}}=0.45$$

计算管段设计秒流量为：

$$q_g = 0.2U \cdot N_g = 0.2 \times 0.45 \times 5.2 = 0.47$$

其他管段的设计秒流量结果如下：

管段	当量	U_0（%）	U	q_g（L/s）
1-2	5.2	2.5	0.45	0.47
2-3	10.4	2.5	0.32	0.67
A-B	52	2.5	0.15	1.59
B-C	104	2.5	0.11	2.34
C-D	156	2.5	0.09	2.95
D-E	208	2.5	0.08	3.48
E-F	260	2.5	0.08	3.97
F-G	312	2.5	0.07	4.42

【例 1-4】某高校实验室设置单联化验水龙头 10 个，额定流量 0.2L/s，同时给水百分数为 30%；二联化验水龙头 10 个，额定流量 0.07L/s，同时给水百分数为 20%。计算管段设计秒流量。

【解】

$$q = 10 \times 0.2 \times 30\% + 10 \times 0.07 \times 20\% = 0.74 \text{L/s}$$

则：计算管段设计秒流量为 0.74L/s。

三、引入管设计流量与水表选型

建筑物给水引入管的设计流量与供水方式有关，有以下三种情况：（1）当建筑物内生活用水全部由室外给水管网直接供水时，引入管的设计流量应取生活用水设计秒流量值；（2）当建筑物内生活用水全部由自行加压供水时，引入管的设计流量应为贮水调节池设计补水量，该值宜介于建筑物最高日最大时和最高日平均时生活用水量之间；（3）当建筑物内生活用水部分自行加压、部分外网供给时，应以室外直接供水和全部自行加压供水两种情况下的设计流量之和作为引入管道设计流量。

建筑物引入管，住户的入户管及公用建筑物内需要计量用水量的水管上均应设置水表。住户的分户水表宜相对集中布置，宜采用普通水表设置在户外；户内布置时，宜采用远传水表、卡式水表等。水表应布置在观察方便、不易损坏、卫生洁净的场所。

水表口径宜与给水管道接口管径一致。建筑物用水量较为均匀时，以水表的常用流量≥管道设计流量来选择水表型号；建筑物用水量不均匀时，以水表的过载流量≥管道设计流量来选择水表型号。

对于生活和消防共用给水系统引入管上的水表，除了平时仅通过生活用水之外，还应考虑到火灾发生时能够通过生活给水系统设计流量和消防用水量的总和。因此，应用两者流量之和进行校核，校核流量不应大于水表的过载流量。

【例 1-5】某 12 层住宅，一～四层由市政管网供水，生活用水设计秒流量为 3.5L/s，五～十二层由变频水泵供水，最大小时生活用水量为 4.2m³/h，平均小时用水量为 1.75m³/h。水泵房内设有生活水箱。问引入管的设计流量应为多少？

【解】该建筑物内生活用水部分自行加压、部分外网供给，所以，引入管设计流量为室外直接供水和全部自行加压供水两种情况下的设计流量之和。自行加压供水设计流量介于 1.75m³/h 和 4.2m³/h 之间，即 0.49L/s 和 1.17L/s 之间，故：

引入管流量 $=(1.17+3.5)\sim(0.49+3.5)=4.67\sim3.99\text{L/s}$。

四、建筑生活给水管道水力计算

室内给水管网水力计算的目的，在于确定各管段的管径及此管段通过设计流量时的水头损失。

（一）确定管径

已知给水管道设计秒流量后，在经济技术合理的流速范围内选择流速值即可确定管径：

$$q=\frac{\pi}{4}d^2v \tag{1-10}$$

式中　q——管段设计秒流量（m^3/s）；

　　　v——管段中的流速（m/s），按表1-8选用；

　　　d——管径（m）。

生活给水管道的水流流速范围　　　　　　　　　　　　表 1-8

公称直径（mm）	15~20	25~40	50~70	≥80
流速（m/s）	≤1.0	≤1.2	≤1.5	≤1.8

管径的选定应从技术和经济两方面来综合考虑。从经济上看，流速的选取应符合"经济流速"概念，即当流量一定时，流速愈大、管径愈小、管材愈省，但管内阻力越大，要求室外管网的压力 H_0 愈大；同时，在管网中引起的水锤能损坏管道，并造成很大的噪声和振动。反之，流速愈小、管径愈大、投资愈多。这两者综合后达到最经济时，此时的流速称为经济流速。技术和使用上对流速也有一定限制，即避免噪声和振动。根据经验推荐管内流速如表1-8所示。

（二）计算管路的水头损失

管路的水头损失为计算管路的沿程水头损失和局部水头损失之和。

1. 沿程水头损失

给水管路沿程水头损失应按下式计算：

$$i=105C_{\text{h}}^{-1.85}d_i^{-4.87}q_{\text{g}}^{1.85} \tag{1-11}$$

$$h_{\text{g}}=iL \tag{1-12}$$

式中　i——单位管长的沿程水头损失（kPa/m）；

　　　d_i——管道计算内径（m）；

　　　q_{g}——给水设计流量（m^3/s）；

　　　C_{h}——海澄—威廉系数，各种塑料管、内衬（涂）塑管：$C_{\text{h}}=100$；铜管、不锈钢管：$C_{\text{h}}=130$；衬水泥、树脂的铸铁管：$C_{\text{h}}=130$；普通钢管、铸铁管：$C_{\text{h}}=100$；

　　　L——计算管道长度（m）；

　　　h_{g}——计算管道沿程水头损失（kPa）。

2. 局部水头损失

生活给水管路配水管的局部水头损失，宜按管件连接方式采用管（配）件当量长度法计算。当管件的内径与管道的内径在接口处一致时，水流在接口处流线平滑、无突变，此时的局部水头损失最小。反之，当管件的内径与管道的内径在接口处不一致时，水流流线发生突然扩大或收缩，则局部水头损失增大。如果采用分水器集中配水，可以减小局部水头损失，也能减弱卫生器具同时使用时的相互干扰。

当管道的管（配）件当量长度资料不足时，可按管件的连接状况，按管路的沿程水头损失的百分数取值：（1）当管（配）件内径与管道内径一致、采用三通分水时的局部水头损失取沿程水头损失的 25%～30%，采用分水器分水时取 15%～20%；（2）当管（配）件内径略大于管道内径，采用三通分水时的局部水头损失取沿程水头损失的 50%～60%，采用分水器分水时取 30%～35%；（3）管（配）件内径略小于管道内径，管（配）件的插口插入管口内连接，采用三通分水时，局部水头损失取沿程水头损失的 70%～80%，采用分水器分水时取 35%～40%。

3. 水表、给水附件的水头损失

水表水头损失当选定产品型号应按该产品生产厂家提供的资料进行计算，也可估算：建筑物或小区引入管上的水表，在生活用水工况时，宜取 0.03MPa；在校核消防工况时，宜取 0.05MPa。住宅户水表宜取 0.01MPa。

比例式减压阀的水头损失宜取阀后静水压的 10%～20%。

管道过滤器的局部水头损失宜取 0.01MPa。

管道倒流防止器水头损失应按相应产品测试参数确定。

4. 建筑给水系统所需的压力

建筑给水管网中的压力是保证将所需的水量供到各配水点，并保证最高最远的配水龙头（即最不利配水点）具有一定的流出水头。可由下式确定（参见图 1-18）。

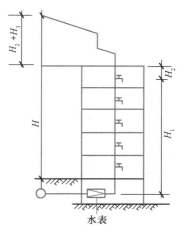

$$H_{SU} = H_1 + H_2 + H_3 + H_4 \qquad (1\text{-}13)$$

式中　H_{SU}——室内给水管网所需的压力（kPa）；

　　　H_1——室内给水引入管起点至最高最远配水点的高差（引起静压力）（kPa）；

　　　H_2——计算管路的沿程水头损失与局部水头损失之和（kPa）；

　　　H_3——水流经水表时的水头损失（kPa）；

　　　H_4——计算管路最高最远配水点所需流出水头（kPa）。

图 1-18　建筑给水系统所需压力

如果室外给水管网的供水量充足，当室外给水管网供水压力（即资用水头）$H_0 \geq H_{SU}$ 时，即可采用直接给水方式；当室外给水管网供水压力 H_0 略小于 H_{SU} 时，可通过适当放大室内给水管管径、减少水头损失的方法降低 H_{SU} 值，以使 $H_0 \geq H_{SU}$；若室外给水管网供水压力 H_0 小于 H_{SU}，则需要设置加压与贮水设备，采用水泵给水方式或水泵-水箱给水方式。

第六节　给水水质的二次污染与防护

建筑给水水质的二次污染是指原本符合现行《生活饮用水卫生标准》GB 5749 的进水，由于设计、施工或管理不当，致使在输配过程中水质发生污染，危害人体健康、影响产品质量。建筑给水系统中造成水质二次污染的主要原因是：（1）城市给水水源被自备水源所污染；（2）给水管道连接不当造成了水流倒流污染；（3）生活饮用水池（箱）选址或设计不合理；（4）排水管道系统设计不当（见第三章）。

一、保护城市给水水源不被污染

自建供水设施的供水管道严禁与城镇供水管道直接连接。当小区给水系统采用雨水回用、中水回用等非生活饮用水时，生活饮用水管道严禁与此类管道连接。

二、防止倒流污染

生活给水管道中的水只允许向前流动，因某种原因倒流时，无论其水质是否已被污染，都被称为倒流污染，倒流污染分为虹吸倒流和压力倒流两种情况。

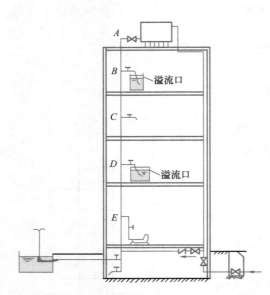

图 1-19　生活饮用水管内产生负压造成虹吸倒流

1. 防止虹吸倒流污染

生活饮用水管的虹吸倒流是指已经从配水口流出的水，因生活饮用水管道内产生负压而被吸回管道内。如图 1-19 所示，当管道系统改装、接管、维修、清洗水箱而关闭 A 阀时，配水管中残留的净水可能由于管网中某一卫生器具水龙头出水而使管内呈现负压，此时如果 B、D 处配水龙头错误地安装在卫生器具溢流口以下、该器具中的污水又恰恰没有及时排放，那么这些污水很有可能被吸入给水管网中。再者，E 处大便器如果未采用具有自动破坏虹吸功能的冲洗设备，若盆内污水淹没至配水口，则会出现污物进入给水管的情况。另外，室外管网直接给水方式也会同样有可能发生这种虹吸倒流污染事故。

虹吸倒流使生活饮用水质受到严重污染，设计施工时必须保证：（1）生活饮用水管道不得与大便器（槽）直接连接；（2）生活饮用水管的配水件出水口不得被任何液体或杂质所淹没或是高出卫生器具溢流边缘的最小空气间隙；（3）特殊器具应设置管道倒流防止器或采用其他有效的隔断措施。

2. 防止压力倒流污染

生活饮用水管的压力倒流是指由于支管中的水压高于干管中的水压造成的倒流现象。比如，锅炉、水加热器中的水，由于水温升高而体积膨胀，膨胀压力使水的压力增加而高于原有的压力；在管道上直接安装水泵后，水泵出水管上的压力高于水泵进水口前的管道压力。

防止压力倒流的措施是安装管道倒流防止器。管道倒流防止器是由进口止回阀、自动泄水阀和出口止回阀组成，阀前水压不应小于 0.12MPa，当管道内出现倒流防止器的出口压力高于进口压力时，只要止回阀无渗漏，泄水阀就不会打开；当两个止回阀中有一个发生渗漏时，自动泄水阀就会打开泄水，防止了倒流的发生。

三、合理设计生活饮用水池（箱）

生活饮用水池（箱）设计应注意选址（与污染源的距离）、结构形式、配管设计、材质、消毒等问题。

（一）选址

饮用水管道与生活饮用水贮水池（箱）不应布置在与厕所、垃圾阀、污废水泵房等污染源毗邻处。非饮用水管不能从贮水池中穿过。设在建筑物内的生活饮用水贮水池（箱），应采用独立结构形式，不得利用建筑本体结构如基础、墙体、地板等作为池底、池壁、池盖，其四周及顶盖上均应留有检修空间。

埋地生活饮用水池与化粪池之间应有不小于 10m 的净距，且在 10m 以内不得有污水处理构筑物、渗水坑和垃圾堆放点等污染源，在 2m 内不得有污水管线及污染物堆放。建筑内的生活用水池（箱）宜设在专用房间内，其上方的房间不应有厕所、浴室、盥洗间、厨房、污水处理间等。

（二）材质、结构形式

水池（箱）材质、衬砌材料和内壁涂料，不得影响水质。贮水池（箱）若需防腐，应采用无毒涂料；若采用玻璃钢制作时，应选用食品级玻璃钢为原料。

生活饮用水池（箱）应与其他用水的水池（箱）分开设置。生活饮用水池（箱）与其他用水水池（箱）并列设置时，应有各自独立的分隔墙，不得共用一堵分隔墙，隔墙与隔墙之间应有排水措施。

建筑物内的生活饮用水水池（箱）应采用独立结构形式，不得利用建筑物的本体结构作为水池（箱）的壁板、地板及顶盖。

（三）配管设计

（1）人孔、通气孔、溢流管应有防止昆虫爬入水池（箱）的措施；

（2）进水管应在水池（箱）的溢流水位以上接入；

（3）进出水管布置不得产生水流短路，必要时应设倒流装置；

（4）不得接纳消防管道试压水、泄压水等回流水或溢流水；

（5）泄空管和溢流管的出口，不得直接与排水构筑物或排水管道相连接，应采取间接排水的方式，且均应有空气隔断装置。

（四）消毒

生活饮用水水池、水箱、水塔等储水构筑物均应设置消毒设施。

习　题

一、填空题

1. 有一 18 层综合楼：一～四层为商场，总给水当量数为 280；五～八层为办公室，总给水当量数为 160；九～十八层为宾馆，总给水当量数为 380。在计算该楼生活给水设计秒流量时，其公式 α 中的值应取（　　）。

2. 有一个商场内的小型公共厕所，厕所内设有两个延时自闭式冲洗阀蹲便器，一个自闭式冲洗阀小便器，一个感应水嘴洗手盆，此厕所给水总管的设计秒流量为（　　）L/s。

3. 某地区有一幢 II 类普通住宅楼，最高日生活用水定额取 250L/（人·d），每户按 3.5 人计，本楼共有 105 户，本楼最大小时用水量最少为（　　）L/h。

4. 小时变化系数的定义是（　　）。

5. 有一建筑物，在生活给水管道水力计算选择管径时，其 DN32 的生活给水支管的水流速度，不宜大于（　　）m/s。

6. 为防止倒流污染，卫生器具配水龙头出水口高出卫生器具溢流边缘的最小空气间隙不得小于（　　）。

7. 已知供水系统最大小时用水量为 $20m^3/h$，系统最不利点所需水压为 0.15MPa，最高工作压力为 0.35MPa，$\alpha=1.0\sim1.3$，$n_q=6\sim8$ 次/h，则隔膜式气压水罐的总容积至少为（　　）m^3。

8. 一栋办公楼，水泵从贮水池吸水供至屋顶水箱，贮水池最低水位至屋顶水箱最高水位高程为 610kPa，若该管路总水头损失为 51.5kPa，水箱进水口流出水头为 20kPa。则水泵所需总扬程为（　　）kPa。

二、问答题

1. 建筑给水水质被污染的原因以及防止措施是什么？

2. 建筑生活给水管道布置与敷设的基本要求有哪些？

3. 建筑生活给水方式有哪些？如何选用？

4. 建筑生活给水系统设计计算的内容有哪些？计算方法是什么？

三、计算题

1. 某 6 层住宅内有一个单元的给水立管，在下列条件下，此立管最底部的给水设计秒流量是多少？假设每层卫生间内设冲洗水箱浮球阀坐式大便器 1 个，混合水嘴洗脸盆 1 个，混合水嘴洗涤盆 1 个，混合水嘴浴盆 1 个，有集中热水供应，用水定额取225L/(人·d)，每户按 4 人计，$K_h=2.0$。

2. 拟建一栋 6 层学生宿舍楼，每层 20 间宿舍，每间 4 人，全楼均由屋顶水箱供水。每人用水定额取 100L/(人·d)，小时变化系数 K_h 取 2.5，使用时间 T 取 24h，水箱内消防储水量为 $6m^3$，水箱由生活给水泵联动提升给水，则该建筑物最高日用水量为多少？水箱生活用水调节容积为多少？水箱给水泵流量为多少？

3. 某建筑拟采用补气式卧式气压给水设备给水方式，已知给水系统最大小时用水量为 5.2L/s，设计最小工作压力 250kPa（表压），最大工作压力 450kPa（表压）。求气压罐的总容积至少需要多少？

第二章

建筑消防系统

第一节　火灾基本知识和灭火设施

火灾是在时间和空间上失去控制的燃烧。燃烧是可燃物与氧化剂作用发生的放热反应，通常伴有火焰、发光和发烟现象。

一、火灾发生的必要条件

火灾的发生必须具备可燃物、氧化剂和引火源三个必要条件：燃烧通常分为无焰燃烧和有焰燃烧，有焰燃烧除三个必要条件外，还必须具备未受抑制的链式反应，即自由基的存在，这便是燃烧四面体，由于自由基的存在使燃烧继续发展扩大。

可燃物是能与空气中的氧或其他氧化剂起化学反应的物质，这些物质通常是由碳和氢等元素组成的化合物，当然也有单质物质，如硫、活泼金属等。

能与可燃物发生氧化反应的物质，或能帮助和支持可燃物燃烧的物质称为氧化剂，通常氧化剂为氧，在有些条件下氟、氯等元素也是氧化剂。

引火源是指供给可燃物与氧或助燃剂发生燃烧反应的初始能量来源，常见的是热能，也可是由化学能、电能或机械能等转化的热能。

大多数的燃烧都存在着链式反应，在热量或高温的作用下，可燃物分解，其中一些分子的共价链断裂，形成自由基，这些自由基一般为氧自由基（O·）或羟基（OH·），自由基是高度活泼的化学形态，能与其他自由基或分子发生反应，使燃烧继续进行下去，这便是燃烧的链式反应。

二、火灾的类型

根据可燃物的燃烧性能来划分，火灾可分为 A、B、C、D、E、F 六类。A 类为可燃固体火灾，一般是指有机物质，如木材、棉麻等；B 类为可燃液体或可熔化固体物质，如汽油、石蜡等；C 类为可燃气体，如甲烷、天然气和煤气等；D 类为活泼金属，如钾、钠、镁等；E 类为带电物体；F 类为烹饪器具内的烹饪物，如动植物油脂。

固体可燃物必须经过受热、蒸发、热分解过程，使固体上方可燃气体浓度达到燃烧极限，才能持续不断地发生燃烧。固体燃烧根据其分子特性，燃烧可分为蒸发燃烧（受热后熔融，与液体一样蒸发燃烧）、分解燃烧、表面燃烧和阴燃（没有火焰的缓慢燃烧）四种类型，阴燃一般发生在空气不流通、加热温度较低或含有水分的情况下，阴燃逐渐积聚能量，温度升高，空气一旦大量导入就会转变为明火燃烧。

闪点是指液体挥发的蒸气与空气形成的混合物，遇到火源能够闪燃的最低温度。可燃液体的燃烧是液体蒸气进行燃烧，因此燃烧与否、燃烧速度等与液体的蒸气压、闪点、沸点和蒸发速率等因素有关，液体燃烧是面燃烧。在敞口储罐的火灾中有可能产生沸溢、溅出和冒泡现象，造成大面积火灾，这种现象称为突沸。甲类液体是指闪点低于 28℃ 的易燃液体；乙类液体是指闪点于 28~60℃ 之间的可燃液体；丙类液体是指闪点不小于 60℃ 的可燃液体。

气体燃烧是直接燃烧，燃烧容易，加热到燃点就燃烧，所需的热量仅用于氧化或分解。根据与氧混合的状态不同，气体燃烧可分为扩散燃烧和预混合燃烧，扩散燃烧是边燃烧边与氧混合，预混合燃烧是在燃烧前与氧气混合，易于爆炸。

三、燃烧与爆炸的基本概念

在液体（固体）表面上产生足够的可燃蒸气，遇火能产生一闪即灭的燃烧现象称为闪燃。在规定的试验条件下，在液体（固体）表面上能产生闪燃的最低温度称为闪点。闪点愈低火灾危险性愈大，闪点是衡量物质火灾危险性的重要参数，也是火灾危险性分类的重要依据。

一种物质燃烧时所放出的燃烧热使该物质能蒸发出足够的蒸气来维持其燃烧所需的最低温度称为该物质的燃点。燃点一般高于闪点，对于易燃液体闪点愈低，两者相差愈小。可燃物质在没有外部火花、火焰等火源的作用下，因受热或自身发热并蓄热所产生的自然燃烧称为自燃，在规定条件下，可燃物质产生自燃的最低温度是该物质的自燃点。

由于物质急剧的氧化或分解反应产生的温度增加、压力增加或两者同时增加的现象称为爆炸，爆炸是势能或者化学能和机械能等突然转变为动能，有高压气体生成或释放的现象，这些高压气体随之做机械功、移动、改变和抛射周围物体。爆炸通常分为物理爆炸和化学爆炸，物理爆炸因内部压强过大而爆炸，如整装锅炉等；化学爆炸是化学反应所致，如炸药等。

爆炸极限：可燃气体、蒸气或粉尘与空气混合后遇火会产生爆炸的最低或最高浓度，称为爆炸极限，最低浓度为爆炸下限，最高浓度为爆炸上限。

四、灭火机理

灭火是破坏燃烧条件，使燃烧终止反应的过程，灭火的基本原理可归纳为冷却、窒息、隔离和化学抑制，前三种主要是物理过程，第四种为化学过程。

冷却灭火——可燃物能够持续燃烧，原因之一就是它们在火焰或热的作用下达到了各自的燃点。因此，将可燃固体冷却到燃点以下，将可燃液体冷却到闪点以下，燃烧反应就会中止。

窒息灭火——氧的浓度是燃烧的必要充分条件，用二氧化碳、氮气、水蒸气等气体稀释燃烧区内氧的浓度，燃烧便不能持续，达到灭火的目的。多用于密闭或半密闭空间。

隔离灭火——可燃物是燃烧条件中的主要因素。如果把可燃物与火焰以及氧隔离开，燃烧反应会自动中止。比如：切断流向着火区的可燃气体或液体的通道；喷洒灭火剂把可燃物与氧和热隔离开，这是常用的灭火方法。

化学抑制灭火——物质在有焰燃烧中发生的氧化反应是通过链式反应进行的，产生大量的自由基。如果灭火剂能抑制自由基的产生，降低自由基浓度，链式反应可中止，火灾被扑灭。

五、灭火剂与灭火设施

水是不燃液体，在与燃烧物接触后会通过物理、化学反应从燃烧物中摄取热量，对燃烧物起到冷却作用，每千克水自常温加热至沸点并完全汽化，将吸收 2595kJ 的热量，这是其他灭火剂所无法替代的；同时水在被加热过程中所产生的大量水蒸气，能够阻止空气进入燃烧区，同时稀释燃烧区内氧的含量，从而减弱燃烧强度；另外经水枪喷射出来的压力水流具有很大的动能和冲击力，可以冲散燃烧物，使燃烧强度显著减弱。水具有使用方便、灭火效果好、来源广泛、价格便宜、器材简单等优点，是目前建筑消防的主要灭火剂。常用的建筑消防给水系统有消火栓给水系统和自动喷水灭火系统。

气体灭火剂，比如：七氟丙烷 HFC—227ea、IG541（由氮气、氩气和二氧化碳组成）、三氟甲烷（FE13）、二氧化碳和卤代烷，具有化学稳定性好，耐储存、腐蚀性小，不导电，毒性低，蒸发后不留痕迹的优点。气体系统灭火机理因灭火剂而异，一般是由冷却、窒息隔离和化学抑制等机理组成。可扑灭 A、B、C 类火灾和电气火灾。

泡沫灭火系统灭火机理主要是隔离作用，同时伴有窒息作用。可扑灭 A、B 类火灾。

干粉灭火剂有磷酸氢盐和碳酸氢盐两类，磷酸氢盐适合扑灭 A 类火灾，碳酸氢盐适合于扑灭 B 和 C 类火灾。干粉灭火剂可分为物理灭火和化学灭火两种功能：物理灭火主要是干粉灭火剂吸收燃烧产生的热量，使显热变成潜热，燃烧反应温度骤降，不能维持持续反应所需的热量，燃烧反应中止，火焰熄灭；化学灭火机理分为均相和非均相化学灭火，均相灭火机理是燃烧所产生的自由基与碳酸氢盐受热分解产物碳酸盐反应生成氢氧化物，非均相化学灭火机理是碳酸氢盐受热分解，以 Na_2O 或金属 Na 气体形态出现，进入气相，中断火焰中自由基链式传递，火焰熄灭。钾原子俘获自由基半径大，因此碳酸氢钾的灭火效果比碳酸氢钠更好。

第二节　消火栓给水系统的分类与组成

消火栓给水系统由室外消防系统和室内消火栓系统组成。室外消防系统的作用：（1）由消防车取水通过水带、水枪消防设备直接扑灭或控制建筑物火灾，保护建筑物或邻近建筑物；（2）供消防云梯车、消防曲臂车的带架水枪控制或扑灭建筑物火灾；（3）通过水泵接合器向室内消防给水管网供水。室内消火栓给水系统是把室外给水系统提供的水量，经过加压（当外网压力不满足消防设备压力要求时）输送到室内固定灭火设备，是建筑物中最基本的灭火设施。消火栓是依靠水枪充实水柱的冲击力使水进入着火区，用水进行冷却灭火的，可扑灭 A 类火灾，以及其他火灾的暴露防护和冷却。

一、消火栓给水设计依据与建筑物分类

消火栓给水系统的设置与建筑物性质、高度、火灾危险程度、人员疏散难度有关。消火栓给水系统设计的主要依据是现行国家标准《建筑防火通用规范》GB 55037、《建筑设计防火规范》（2018 年版）GB 50016、《消防设施通用规范》GB 55036 及《消防给水及消火栓系统技术规范》GB 50974。

厂房的火灾危险性根据生产中使用或产生的物质性质及其数量等因素分为甲、乙、丙、丁、戊类。仓库的火灾危险性应根据储存物品的性质和储存物品中的可燃物数量等因素分为甲、乙、丙、丁、戊类。甲类为闪点小于 28℃ 的液体、爆炸下限小于 10% 的气体及常温下能自行分解或在空气中氧化能导致迅速自燃或爆炸的物质等；乙类为闪点不小于 28℃，但小于 60℃ 的液体、爆炸下限不小于 10% 的气体及不属于甲类的氧化剂和易燃固体等；丙类为闪点不小于 60℃ 的液体及可燃固体；丁类为难燃烧物质；戊类为不燃烧物质。

民用建筑根据其建筑高度和层数可分为单、多层民用建筑和高层民用建筑。高层民用建筑根据其建筑高度、使用功能和楼层的建筑面积可分为一类和二类，见表 2-1。

民用建筑的分类 表 2-1

名称	高层民用建筑		单、多层民用建筑
	一类	二类	
住宅建筑	建筑高度大于 54m 的住宅建筑（包括设置商业服务网点的住宅建筑）	建筑高度大于 27m，但不大于 54m 的住宅建筑（包括设置商业服务网点的住宅建筑）	建筑高度不大于 27m 的住宅建筑（包括设置商业服务网点的住宅建筑）
公共建筑	1. 建筑高度大于 50m 的公共建筑； 2. 建筑高度 24m 以上部分任一楼层建筑面积大于 1000m² 的商店、展览、电信、邮政、财贸金融建筑和其他多种建筑组合的建筑； 3. 医疗建筑、重要公共建筑、独立建造的老年人照料设施； 4. 省级及以上的广播电视和防灾指挥调度建筑、网局级和省级电力调度建筑； 5. 藏书超过 100 万册的图书馆、书库	除一类高层公共建筑外的其他高层公共建筑	1. 建筑高度大于 24m 的单层公共建筑； 2. 建筑高度不大于 24m 的其他公共建筑

二、室内消火栓给水系统的设置场所

除不适合用水保护或灭火的场所、远离城镇且无人值守的独立建筑、散装粮食仓库、金库可不设置室内消火栓系统外，下列建筑应设置室内消火栓系统：

（1）建筑占地面积大于 300m² 的甲、乙、丙类厂房；

（2）建筑占地面积大于 300m² 的甲、乙、丙类仓库；

（3）高层公共建筑，建筑高度大于 21m 的住宅建筑；

（4）特等和甲等剧场，座位数大于 800 个的乙等剧场，座位数大于 800 个的电影院，座位数大于 1200 个的礼堂，座位数大于 1200 个体育馆等建筑；

（5）建筑体积大于 5000m³ 的下列单、多层建筑：车站、码头、机场的候车（船、机）建筑，展览、商店、旅馆和医疗建筑，老年人照料设施，档案馆，图书馆；

（6）建筑高度大于 15m 或建筑体积大于 10000m³ 的办公建筑、教学建筑及其他单、多层民用建筑；

（7）建筑面积大于 300m² 的汽车库和修车库；

（8）建筑面积大于 300m² 且平时使用的人民防空工程；

（9）地铁工程中的地下区间、控制中心、车站及长度大于 30m 的人行通道，车辆基地内建筑面积大于 300m² 的建筑；

（10）通行机动车的一、二、三类城市交通隧道。

人员密集的公共建筑、建筑高度大于 100m 的建筑和建筑面积大于 200m² 的商业服务网点内应设置消防软管卷盘或轻便消防水龙。高层住宅建筑的户内宜配置轻便消防水龙。

老年人照料设施内应设置与室内供水系统直接连接的消防软管卷盘，消防软管卷盘的设置间距不应大于 30.0m。

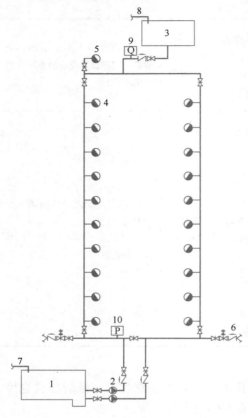

图 2-1 室内消火栓给水系统的组成

1—消防水池；2—消防水泵；3—高位消防水箱；
4—消火栓；5—屋顶试验消火栓；6—水泵接合器；
7—消防水池进水管；8—消防水箱进水管；
9—流量开关；10—压力开关

三、室内消火栓给水系统分类

（一）高压消防给水系统与临时高压消防给水系统

高压消防给水系统是指能始终保持满足水灭火设施所需的工作压力和流量，火灾时无须消防水泵直接加压的供水系统。

临时高压消防给水系统是指平时不能满足水灭火设施所需的工作压力和流量，火灾时能自动启动消防水泵以满足水灭火设施所需的工作压力和流量的供水系统。

（二）独立消防给水系统与区域消防给水系统

独立消防给水系统是指向单一建筑物或构筑物供水的消防给水系统。

区域（集中）消防给水系统是指向 2 座或 2 座以上建筑物或构筑物供水的消防给水系统。

四、室内消火栓给水系统的组成

室内消火栓给水系统由消防水源、消防供水设施、消火栓、配水管网和阀门等组成，如图 2-1 所示。

（一）消防供水水源

消防供水水源包括：市政给水管网、消防水池和天然水源等。

1. 市政给水管网

当市政给水管网连续供水，且能满足消防水压和流量时，经供水管理部门许可，消防给水系统可采用市政给水管网直接供水。

不同区域的市政给水系统多种多样，设计时应确定市政供水的条件，同时符合下列条件的市政给水管网才满足两路供水的要求：

（1）市政给水厂应至少有 2 条输水干管向市政给水管网输水；

（2）市政给水管网应为环状管网；

（3）应至少有 2 条不同的市政给水干管上有不少于 2 条引入管向消防给水系统供水。

当有两路消防供水且允许消防水泵直接吸水时，应符合下列规定：每一路消防供水应满足消防给水设计流量和火灾时必须保证的其他用水；火灾时室外给水管网的压力从地面算起不应小于 0.10MPa；消防水泵扬程应按室外给水管网的最低水压计算，并应以室外给水的最高水压校核消防水泵的工作工况。

2. 消防水池

当城市给水管网的水量不能满足消防用水要求时，多以消防水池作为水源。

消防水池具有储存消防用水量、供消防水泵取水两个功能。消防水池可设于室外或室内，也可由室内游泳池、水景水池兼用。符合下列情况之一应设消防水池：

（1）当生产、生活用水量达到最大时，市政给水管网或入户引入管不能满足室内、室外消防给水设计流量；

（2）当采用一路消防供水或只有一条入户引入管，且室外消火栓设计流量大于 20L/s 或建筑高度大于 50m；

（3）市政消防给水设计流量小于建筑室内外消防给水设计流量。

储存室外消防用水的消防水池或供消防车取水的消防水池应设置取水口或取水井，为便于消防水泵或消防车从池中吸水，其最低水位、取水口或取水井的位置、尺寸应满足消防水泵或消防车的取水要求。

两座及以上的建筑群可共用消防水池，消防水池的有效容积按消防用水量最大的那座建筑物计算。消防水池的补水时间不宜大于 48h，但当消防水池的有效总容积大于 2000m³ 时，不应大于 96h。

3. 天然水源

在天然水源水量较为丰富的地区，邻近天然水体的建筑物可以该水体作为消防水源。但是，该水体不得含易燃、可燃的液体，消防车能靠近水源，在枯水期最低水位时仍能满足消防水泵和消防车的吸水要求。

（二）消防供水设施

消防供水设施是保证建筑室内消防给水设备扑救火灾时，有可靠的水量和水压的设施，包括：高位消防水箱、消防水泵和水泵接合器等。

1. 高位消防水箱

消防水箱的主要作用是供给建筑物火灾初期室内消防用水量，并保证相应水压的要求。对常高压消防给水系统的建筑物，并能保证最不利点消火栓的水量和水压，可不设高位消防水箱；临时高压消防给水系统的建筑物：高层民用建筑、3 层及以上单体总建筑面积大于 10000m² 的其他公共建筑，应设置高位消防水箱；其他建筑应设但设置高位消防水箱确有困难，且采用安全可靠的消防给水形式时，可不设高位消防水箱，但应设稳压泵；当市政供水管网的供水能力在满足生产、生活最大小时用水量后，仍能满足初期火灾所需的消防流量和压力时，市政直接供水可替代高位消防水箱。

为确保自动供水的可靠性，水箱应采用重力自流方式，设置位置应高于其所服务的水灭火设施，且最低有效水位应满足水灭火设施最不利点处的静水压力：一类高层公共建筑，不应低于 0.10MPa，但当建筑高度超过 100m 时，不应低于 0.15MPa；高层住宅、二类高层公共建筑、多层公共建筑，不应低于 0.07MPa，多层住宅不宜低于 0.07MPa；工业建筑不应低于 0.10MPa，当建筑体积小于 20000m³ 时，不宜低于 0.07MPa。无法满足此要求时，应设稳压泵。

高位消防水箱应利用生产或生活给水管补水，严禁采用消防水泵补水。为保证火灾时消防水泵供给的消防用水不进入高位消防水箱（除串联消防给水系统外），高位消防水箱出水管上应设置止回阀。

2. 消防水泵

消防水泵用以保证火灾时消防设备所需的压力和水量，应保证在火警 5min 内开始工作，并在火场断电时仍能正常运转。消防水泵应在火灾时能及时启动，停泵应由人工控制，不应自动停泵；消防水泵的性能应满足消防给水系统所需流量和压力的要求。

为保证火灾发生时消防水泵能不间断供水，消防水泵应设置备用泵，其性能应与工作泵性能一致，但下列建筑除外：建筑高度小于 54m 的住宅和室外消防给水设计流量小于等于 25L/s 的建筑；室内消防给水设计流量小于等于 10L/s 的建筑。

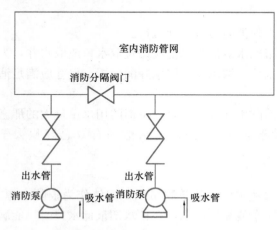

图 2-2　消防水泵出水管与室内消防管网的连接

消防水泵应采用自灌式吸水，一组消防水泵的吸水管不应少于 2 条，当其中一条损坏或检修时，其余吸水管应仍能通过全部消防给水设计流量。消防水泵吸水管布置应避免形成气囊。一组消防水泵应设不少于 2 条的输水干管与消防给水环状管网连接，当其中一条输水管检修时，其余输水管应仍能供应全部消防给水设计流量，如图 2-2 所示。

单独建造的消防水泵房，耐火等级不应低于二级；附设在建筑内的消防水泵房应采用防火门、防火窗、耐火极限不低于 2.00h 的防火隔墙和耐火极限不低于 1.50h 的楼板与其他部位分隔；除地铁工程、水利水电工程和其他特殊工程中的地下消防水泵可根据工程要求确定其设置楼层外，其他建筑中的消防水泵房不应设置在建筑的地下 3 层及以下楼层；消防水泵房的疏散门应直通室外或安全出口；消防水泵房内的室内环境温度不应低于 5℃；消防水泵房应采取防水淹等措施。

3. 水泵接合器

水泵接合器是消防给水系统的一个辅助水源，是利用消防车向室内消防给水管网加压供水的连接装置，其一端由室内消防给水管网干管引出，另一端设于室外消防车易靠近的位置，距人防工程出入口不宜小于 5m，距室外消火栓或消防水池的距离宜为 15～40m。在室内消防水泵发生故障或消防水池贮水量使用殆尽等情况下，消防车从室外消火栓取水，通过水泵接合器将水送到室内消防给水管网。另外，消防人员登高扑救，铺设水带需要花费时间，水泵接合器能够为消防人员到达火场后及时出水灭火创造条件。

下列建筑应设置与室内消火栓系统供水管网直接连接的消防水泵接合器，且消防水泵接合器应位于室外便于消防车向室内消防给水管网安全供水的位置：6 层及以上并设置室内消火栓系统的民用建筑；5 层及以上并设置室内消火栓系统的厂房及仓库；室内消火栓设计流量大于 10L/s 且平时使用的人民防空工程；地铁工程中设置室内消火栓系统的建筑或场所；设置室内消火栓系统的交通隧道；设置室内消火栓系统的地下、半地下汽车库和 5 层及以上的汽车库；设置室内消火栓系统，建筑面积大于 10000m² 或 3 层及以上的其他地下、半地下建筑（室）。

水泵接合器有地上式、地下式和墙壁式三种，如图 2-3 所示，宜采用地上式，当采用地下式水泵接合器时，应有明显标志。

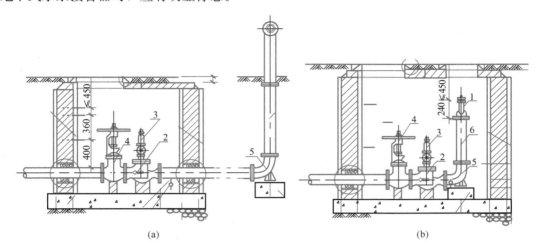

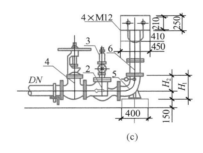

图 2-3 水泵接合器

(a) SQB 型地上式；(b) SQB 型地下式；(c) SQB 型墙壁式

1—消防接口本体；2—止回阀；3—安全阀；4—闸阀；5—90°弯头；6—法兰接管

水泵接合器的数量应按室内消防用水量经计算确定，不宜少于 2 个。一般 $DN100$ 的水泵接合器的通水能力为 10L/s，$DN150$ 的水泵接合器的通水能力为 15L/s。

（三）消防给水管网

1. 室外消火栓给水管网及其进水管

室外消防给水采用两路消防供水时应采用环状管网，但当采用一路消防供水时可采用枝状管网。室外消防给水管道的直径不应小于 $DN100$。室外消火栓沿建筑周围均匀布置，且不宜集中布置在建筑一侧，建筑消防扑救面一侧的室外消火栓数量不宜少于 2 个。距路边不宜小于 0.5m，并不应大于 2.0m，距建筑外墙或外墙边缘不宜小于 5.0m，距人防工程、地下工程出入口的距离不宜小于 5m，并不宜大于 40m。

2. 室外消火栓给水管网的进水管

向室外环状消防给水管网供水的输水干管不应少于两条，当其中一条发生故障时，其余的输水干管应仍能满足消防给水设计流量。消防给水管道应采用阀门分成若干独立段，每段内室外消火栓的数量不宜超过 5 个。

3. 室内消防给水管网

室内应采用高压或临时高压消防给水系统，且不应与生产生活给水系统合用。室内消火栓系统管网应布置成环状，当室外消火栓设计流量不大于 20L/s，且室内消火栓不超过 10 个时，并向一栋或一座建筑供水的高压消防给水系统可布置成枝状；向室内环状消防给水管网供水的输水干管不应少于两条，当其中一条发生故障时，其余的输水干管应仍能满足消防给水设计流量。室内消防管道管径应根据系统设计流量、流速和压力要求经计算确定；室内消火栓竖管管径应根据竖管最低流量经计算确定，但不应小于 DN100。

室内消火栓给水环状管道应用阀门分成若干独立段。阀门应经常开启，并应有明显的启闭标志，应保证检修管道时关闭停用的竖管数目符合规范的规定，比如：保证检修管道时停止使用的竖管不超过 1 根，当竖管超过 4 根时，可关闭不相邻的 2 根，如图 2-4 所示。

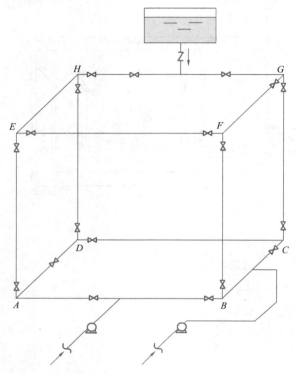

图 2-4　室内消防管网阀门布置示意图

（四）稳压设备

当高位消防水箱最低有效水位无法满足最不利点消火栓的静水压力时，需设置稳压泵，稳压泵的设计压力应保持系统最不利点消火栓在准工作状态时的静水压力大于 0.15MPa。

稳压装置由隔膜式气压水罐、水泵、电控箱、仪表及管道附件组成。消火栓系统平时压力由稳压装置维持，平时管网如有渗漏泄压等情况，气压水罐压力下降至稳压泵启泵压力，此时稳压泵启动向气压水罐中补水，当气压水罐压力上升至稳压泵停泵压力时，稳压泵停泵。火灾时，系统大量出水，稳压泵无法满足用水量要求，气压水罐压力持续下降，高位消防水箱出水管处流量开关、消防主泵出水干管处压力开关直接自动启动消防主泵。

稳压泵的公称流量不应小于消防给水系统管网的正常泄漏量，且应小于系统自动启动流量，公称压力应满足系统自动启动和管网充满水的要求。当采用气压水罐时，有效储水容积不宜小于 150L。

（五）室内消火栓

1. 室内消火栓组件

室内消火栓组件包括水枪、水带、消火栓及消火栓箱。水枪、水带和消火栓组成消火栓设备，均安装于消火栓箱内，如图 2-5 所示。

水枪一般为直流式，喷嘴口径有 13mm、16mm、19mm 三种。口径 13mm 水枪配备

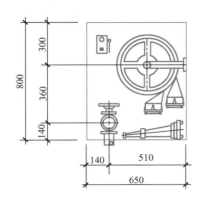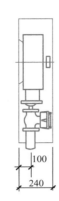

图 2-5　消火栓箱

直径 50mm 水带，16mm 水枪可配直径 50mm 或 65mm 水带，19mm 水枪配直径 65mm 水带。

水带口径有 50mm、65mm 两种。水带长度一般为 15m、20m、25m、30m 四种。水带材质有麻织和化纤两种，有衬胶和不衬胶之分。衬胶水带阻力较小，室内消火栓水带多采用。

消火栓为内扣式接口的球形阀式龙头，有单出口和双出口之分。单出口消火栓直径有 50mm 和 65mm 两种，双出口消火栓直径 65mm。当每支水枪最小流量小于 5L/s 时选直径 50mm 的消火栓，最小流量大于等于 5L/s 时选 65mm 的消火栓。

室内消火栓箱内装消火栓、配套的水带、水枪以及按钮。按安装方式有暗装消火栓箱、明装消火栓箱、半明装消火栓箱。

2. 室内消火栓布置与设置要求

消火栓应设置在楼梯间及其休息平台和前室、走道等明显易于取用，以及便于火灾扑救的位置。同一楼梯间及其附近不同层设置的消火栓，其平面位置宜相同。消防电梯前室应设置室内消火栓，并应计入消火栓使用数量。设置室内消火栓的建筑，包括设备层在内的各层均应设置消火栓。在屋顶设置带有压力表的试验消火栓，以利于检查消防给水系统是否能正常运行，严寒、寒冷等冬季结冰地区可设置在顶层出口处或水箱间内等便于操作和防冻的位置。

室内消火栓宜按直线距离计算其布置间距，消火栓按 2 支消防水枪的 2 股充实水柱布置的建筑物，消火栓的布置间距不应大于 30.0m；消火栓按 1 支消防水枪的 1 股充实水柱布置的建筑物，消火栓的布置间距不应大于 50.0m。室内消火栓的布置原则是同一平面 2 支水枪的 2 股充实水柱同时到达任何部位，对于建筑高度小于或等于 24.0m 且体积小于或等于 5000m³ 的多层仓库、建筑高度小于或等于 54m 且每单元设置一部疏散楼梯的住宅，以及规范规定可采用 1 支消防水枪的场所，可采用 1 支消防水枪的 1 股充实水柱到达室内任何部位。消火栓栓口的安装高度应便于消防水龙带的连接和使用，其距地面高度宜为 1.1m，其出水方向应便于消防水带的敷设，并宜与设置消火栓的墙面成 90°角或向下。

第三节　室内消火栓系统给水方式

一、由室外给水管网直接供水

当由室外生产生活消防合用系统直接供水时，合用系统除应满足室外消防给水设计流量以及生产和生活最大小时设计流量的要求外，还应满足室内消防给水系统的设计流量和压力要求。消防管道有两种布置形式：（1）消防管道与生活（或生产）管网共用；（2）消防管道单独设置，可避免消防管道中的水因滞留过久而污染生活（或生产）供水水质。如图 2-6 所示。

二、设消防水泵、消防水箱的临时高压给水方式

高位消防水箱由生活给水泵补水，准工作状态时的系统漏水补水及火灾发生初期用水由高位消防水箱供水。消防水泵由消防水泵出水干管上设置的压力开关，高位消防水箱出水管上的流量开关直接自动启动消防水泵，如图 2-7 所示。

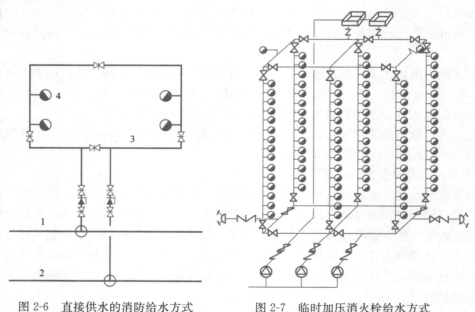

图 2-6　直接供水的消防给水方式
（常高压系统）
1—室外给水管网1；2—室外给水管网2；
3—室内消防给水管网；4—消火栓

图 2-7　临时加压消火栓给水方式

三、竖向分区给水方式

室内消火栓给水系统最低处消火栓栓口处静压大于 1.0MPa 或室内消火栓给水系统的系统工作压力大于 2.40MPa 时，室内消火栓给水系统应分区供水，如图 2-8 所示。消火栓栓口处动压大于 0.5MPa 时，应采取减压装置。

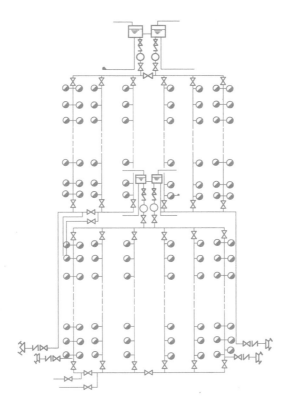

图 2-8 竖向分区的消火栓给水方式

第四节 消火栓给水系统的设计计算

一、室内外消防用水量

（一）室外消防用水量

建筑物室外消火栓设计流量，应根据建筑物的用途功能、体积、耐火等级、火灾危险性等因素综合分析确定。建筑物室外消火栓设计流量不应小于表 2-2 的规定。

建筑物室外消火栓设计流量（L/s）   表 2-2

耐火等级	建筑物名称及类别			建筑物体积（m³）					
				$V \leqslant 1500$	$1500 < V \leqslant 3000$	$3000 < V \leqslant 5000$	$5000 < V \leqslant 20000$	$20000 < V \leqslant 50000$	$V > 50000$
一、二级	工业建筑	厂房	甲、乙	15	20	25	30		35
			丙	15	20	25	30		40
			丁、戊	15					20
		仓库	甲、乙	15		25		—	
			丙	15		25		35	45
			丁、戊	15					20

43

续表

耐火等级	建筑物名称及类别			建筑物体积（m³）					
				$V\leqslant1500$	$1500<V\leqslant3000$	$3000<V\leqslant5000$	$5000<V\leqslant20000$	$20000<V\leqslant50000$	$V>50000$
一、二级	民用建筑	住宅		15					
		公共建筑	单层及多层	15			25	30	40
			高层	—			25	30	40
	地下建筑（包括地铁）、平战结合的人防工程			15			20	25	30
三级	工业建筑	乙、丙		15	20	30	40	45	—
		丁、戊		15			20	25	35
	单层及多层民用建筑			15	20	25	30		—
四级	丁、戊工业建筑			15	20	25		—	
	单层及多层民用建筑			15	20	25			

注：1. 成组布置的建筑物应按消火栓设计流量较大的相邻两座建筑物的体积之和确定。
2. 火车站、码头和机场的中转库房，其室外消火栓设计流量应按相应耐火等级的丙类物品库房确定。
3. 国家级文物保护单位的重点砖木、木结构的建筑物室外消火栓设计流量，按三级耐火等级民用建筑物消火栓设计流量确定。
4. 当单座建筑的总建筑物面积大于 500000m² 时，建筑物室外消火栓设计流量应按本表规定的最大值增加一倍。

宿舍、公寓等非住宅类居住建筑的室外消火栓设计流量，应按表 2-2 中的公共建筑确定。

（二）室内消防用水量

建筑物室内消火栓设计流量，应根据建筑物的用途功能、体积、高度、耐火等级、火灾危险性等因素综合确定。建筑物室内消火栓设计流量不应小于表 2-3 的规定。

建筑物室内消火栓设计流量　　　　　　　　　　　表 2-3

建筑物名称			高度 h（m）、层数、体积 V（m³）、座位数 n（个）、火灾危险性		消火栓设计流量（L/s）	同时使用消防水枪数（支）	每根竖管最小流量（L/s）
工业建筑	厂房	$h\leqslant24$	甲、乙、丁、戊		10	2	10
			丙	$V\leqslant5000$	10	2	10
				$V>5000$	20	4	15
		$24<h\leqslant50$	乙、丁、戊		25	5	15
			丙		30	6	15
		$h>50$	乙、丁、戊		30	6	15
			丙		40	8	15
	仓库	$h\leqslant24$	甲、乙、丁、戊		10	2	10
			丙	$V\leqslant5000$	15	3	15
				$V>5000$	25	5	15
		$h>24$	丁、戊		30	6	15
			丙		40	8	15

续表

建筑物名称			高度 h（m）、层数、体积 V（m³）、座位数 n（个）、火灾危险性	消火栓设计流量（L/s）	同时使用消防水枪数（支）	每根竖管最小流量（L/s）
民用建筑	单层及多层	科研楼、试验楼	$V \leqslant 10000$	10	2	10
			$V > 10000$	15	3	10
		车站、码头、机场的候车（船、机）楼和展览建筑（包括博物馆）等	$5000 < V \leqslant 25000$	10	2	10
			$25000 < V \leqslant 50000$	15	3	10
			$V > 50000$	20	4	15
		剧场、电影院、会堂、礼堂、体育馆等	$800 < n \leqslant 1200$	10	2	10
			$1200 < n \leqslant 5000$	15	3	10
			$5000 < n \leqslant 10000$	20	4	15
			$n > 10000$	30	6	15
		旅馆	$5000 < V \leqslant 10000$	10	2	10
			$10000 < V \leqslant 25000$	15	3	10
			$V > 25000$	20	4	15
		商店、图书馆、档案馆等	$5000 < V \leqslant 10000$	15	3	10
			$10000 < V \leqslant 25000$	25	5	15
			$V > 25000$	40	8	15
		病房楼、门诊楼等	$5000 < V \leqslant 25000$	10	2	10
			$V > 25000$	15	3	10
		办公楼、教学楼、公寓、宿舍等其他建筑	高度超过 15m 或 $V > 10000$	15	3	10
		住宅	$21 < h \leqslant 27$	5	2	5
	高层	住宅	$27 < h \leqslant 54$	10	2	10
			$h > 54$	20	4	10
		二类公共建筑	$h \leqslant 50$	20	4	10
		一类公共建筑	$h \leqslant 50$	30	6	15
			$h > 50$	40	8	15
国家级文物保护单位的重点砖木或木结构的古建筑			$V \leqslant 10000$	20	4	10
			$V > 10000$	25	5	15
地下建筑			$V \leqslant 5000$	10	2	10
			$5000 < V \leqslant 10000$	20	4	15
			$10000 < V \leqslant 25000$	30	6	15
			$V > 25000$	40	8	20
人防工程	展览厅、影院、剧场、礼堂、健身体育场所等		$V \leqslant 1000$	5	1	5
			$1000 < V \leqslant 2500$	10	2	10
			$V > 2500$	15	3	10

续表

建筑物名称			高度 h（m）、层数、体积 V（m³）、座位数 n（个）、火灾危险性	消火栓设计流量（L/s）	同时使用消防水枪数（支）	每根竖管最小流量（L/s）
人防工程	商场、餐厅、旅馆、医院等		$V \leqslant 5000$	5	1	5
			$5000 < V \leqslant 10000$	10	2	10
			$10000 < V \leqslant 25000$	15	3	10
			$V > 25000$	20	4	10
	丙、丁、戊类生产车间、自行车库		$V \leqslant 2500$	5	1	10
			$V > 2500$	10	2	10
	丙、丁、戊类物品库房、图书资料档案库		$V \leqslant 3000$	5	1	5
			$V > 3000$	10	2	10

注：1. 丁、戊类高层厂房（仓库）室内消火栓的设计流量可按本表减少 10L/s，同时使用消防水枪数量可按本表减少 2 支。

2. 消防软管卷盘、轻便消防水龙及多层住宅楼梯间中的干式消防竖管，其消火栓设计流量可不计入室内消防给水设计流量。

3. 当一座多层建筑有多种使用功能时，室内消火栓设计流量应分别按本表中不同功能计算，且应取最大值。

当建筑物室内设有自动喷水灭火系统、水喷雾灭火系统、泡沫灭火系统或固定消防炮灭火系统等一种或两种以上自动水灭火系统全保护时，高层建筑当高度不超过 50m 且室内消火栓设计流量超过 20L/s 时，其室内消火栓设计流量可按表 2-3 减少 5L/s；多层建筑室内消火栓设计流量可减少 50%，但不应小于 10L/s。

宿舍、公寓等非住宅类居住建筑的室内消火栓设计流量，当为多层建筑时，应按表 2-3 中的宿舍、公寓确定，当为高层建筑时，应按表 2-3 中的公共建筑确定。

城市交通隧道内室内消火栓设计流量不应小于表 2-4 的规定。

城市交通隧道内室内消火栓设计流量　　　　　　　　　　　表 2-4

用途	类别	长度（m）	设计流量（L/s）
可通行危险化学品等机动车	一、二	$L > 500$	20
	三	$L \leqslant 500$	10
仅限通行非危险化学品等机动车	一、二、三	$L \geqslant 1000$	20
	三	$L < 1000$	10

地铁地下车站室内消火栓设计流量不应小于 20L/s，区间隧道不应小于 10L/s。

汽车库室内外消火栓给水系统用水量见附录 2-1。

二、确定室内消火栓的间距

（一）水枪的充实水柱长度

消火栓设备的水枪射流灭火，需要有一定的强度和密实水流才能有效的扑灭火灾，如图 2-9 所示，从水枪喷嘴起至射流 90% 的水柱水量穿过直径 380mm 圆孔处的一段射流长度称为充实水柱长度，以 H_m 表示。如果水枪充实水柱长度小于 7m，火场的辐射热使消防人员无法接近着火点；长度大于 16m，会由于射流产生的反作用力过大，而使消防人员无法把握水枪。

室内消火栓栓口压力和消防水枪充实水柱，应符合下列规定：（1）消火栓栓口动压力不应大于 0.50MPa；当大于 0.70MPa 时必须设置减压装置；（2）高层建筑、厂房、库房和室内净空高度超过 8m 的民用建筑等场所，消火栓栓口动压不应小于 0.35MPa，且消防水枪充实水柱应按 13m 计算；其他场所，消火栓栓口动压不应小于 0.25MPa，且消防水枪充实水柱应按 10m 计算。

水枪充实水柱长度计算公式如下：

$$H_{\mathrm{m}} = \frac{H_{层高}}{\sin\alpha} \tag{2-1}$$

式中　H_{m}——水枪的充实水柱长度（m）；

$H_{层高}$——保护建筑物的层高（m）；

α——水枪的上倾角，一般可采用 45°，如有特殊困难时，也可稍大些，但不应大于 60°。

【例 2-1】一厂房其层高为 5m，求水枪的充实水柱长度。

【解】（1）水枪的上倾角采用 45°，则水枪的充实水柱长度为：

$$H_{\mathrm{m}} = \frac{5}{\sin 45°} = \frac{5}{0.707} = 7.07\mathrm{m}$$

（2）根据规范规定，厂房的消防水枪充实水柱应按 13m 计算，所以本建筑消防水枪充实水柱长度 $H_{\mathrm{m}} = 13\mathrm{m}$。

（二）室内消火栓的间距

消火栓的布置应保证同层每个防火分区内相邻两个消火栓的水枪的充实水柱同时到达被保护范围内的任何部位。每根消防竖管的直径应通过的流量经计算确定，但不应小于 100mm。

对于建筑高度小于或等于 24.0m 且体积小于或等于 5000m³ 的多层仓库、建筑高度小于或等于 54m 且每单元设置一部疏散楼梯的住宅，跃层住宅和商业网点以及规范规定可采用 1 支消防水枪的场所，可采用 1 支消防水枪的 1 股充实水柱到达室内任何部位。

室内消火栓的间距应根据水枪充实水柱长度、消火栓保护半径以及建筑物形体、尺寸，经计算确定：

（1）保证有 1 支水枪的充实水柱达到同层内任何部位，如图 2-10（a）、（c）所示，其布置间距按公式（2-2）、公式（2-3）计算：

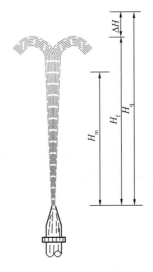

图 2-9　水枪充实水柱

$$S_1 \leqslant 2 \cdot \sqrt{R^2 - b^2} \tag{2-2}$$

$$R = C \cdot L_{\mathrm{d}} + h \tag{2-3}$$

式中　S_1——要求 1 股水柱达到同层任何部位时对应的消火栓间距（m）；

R——消火栓保护半径（m）；

C——水带展开时的弯曲折减系数，一般取 0.8～0.9；

L_d——水带长度（m）；

h——水枪充实水柱倾斜45°时的水平投影距离（m）；$h = H_m\cos45°$，对一般建筑（层高为3～3.5m），由于两楼板间的限制，可取$h = 3m$；

H_m——水枪充实水柱长度（m）；

b——消火栓的最大保护宽度，应为一个房间的长度加走廊的宽度（m）。

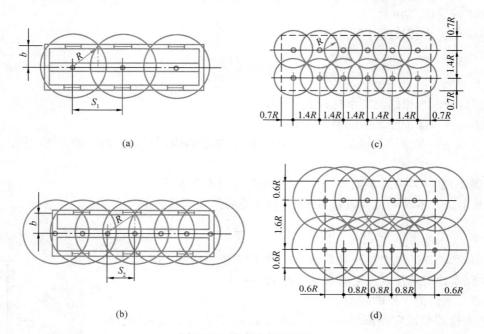

图 2-10　消火栓布置间距

（a）单排1股水柱到达室内任何部位；（b）单排2股水柱到达室内任何部位；
（c）多排1股水柱到达室内任何部位；（d）多排2股水柱到达室内任何部位

（2）保证有2支水枪的充实水柱达到同层内任何部位，如图2-10（b）、（d）所示，其间距按下列公式计算：

$$S_2 \leqslant \sqrt{R^2 - b^2} \tag{2-4}$$

式中　S_2——要求2股水柱达到同层任何部位时对应的消火栓间距（m）。

三、消火栓栓口所需的水压

消火栓栓口所需的水压按下式计算：

$$H_{xh} = H_q + h_d + H_k \tag{2-5}$$

式中　H_{xh}——消火栓口的水压（kPa）；

H_q——水枪喷嘴处水压（kPa）；

h_d——水带的水头损失（kPa），按公式（2-6）计算；

H_k——消火栓栓口水头损失，一般为20kPa。

水带的水头损失h_d为：

$$h_d = A_z L_d q_{xh}^2 \tag{2-6}$$

式中 L_d——水带的长度（m）；

A_z——水带阻力系数，见表2-5；

q_{xh}——水枪射流量（L/s）。

水带阻力系数 A_z 表2-5

水带材料	水带直径（mm）		
	50	65	80
麻织	0.01501	0.00430	0.00150
衬胶	0.00677	0.00712	0.00075

水枪射流量 q_{xh} 与水枪喷嘴压力 H_q 之间，可认为符合孔口出流公式：

$$q_{xh} = \sqrt{BH_q} \tag{2-7}$$

式中 q_{xh}——水枪射流量（L/s）；

B——水枪水流特性系数，与水枪喷嘴口径有关，见表2-6。

水枪水流特性系数 表2-6

水枪喷口直径（mm）	13	16	19	22
B	0.346	0.793	1.577	2.836

四、消防水池与消防水箱

（一）消防水池的有效容积

当市政给水管网能保证室外消防给水设计流量时，消防水池的有效容积应满足在火灾延续时间内室内消防用水量的要求；当市政给水管网不能保证室外消防给水设计流量时，消防水池的有效容积应满足火灾延续时间内室内消防用水量和室外消防用水量不足部分之和的要求。若火灾时能连续补水时，则有效容积可减去火灾延续时间内连续补充的水量。火灾时消防水池连续补水应符合下列规定：消防水池应采用两路消防给水（市政给水厂应至少有两条输水干管向市政给水管网输水；市政给水管网应为环状管网；应至少有两条不同的市政给水干管上不少于两条引入管向消防给水系统供水）；火灾延续时间内的连续补水流量应按消防水池最不利进水管供水量计算。

消防水池的有效容积为：

$$V_f = 3.6(Q_f - Q_L) \cdot T_x \tag{2-8}$$

式中 V_f——消防水池有效容积（m³）；

Q_f——室内外消防用水流量之和（L/s），当室外水源能满足室外消防用水要求时，只计室内消防用水量；

Q_L——火灾延续时间内由市政供水管网可连续补给水池的水量（L/s）；

T_x——火灾延续时间（h），是指消防车到达火场开始出水时起至火灾基本被扑灭为止的时间，为1～6h，见附录2-2。自动喷水灭火系统、泡沫灭火系统、水喷雾灭火系统、固定消防炮灭火系统、自动跟踪定位射流灭火系统等水灭火系统的火灾延续时间，应分别按现行国家标准有关规定执行。建筑内用于防火分隔的防火分隔水幕和防护冷却水幕的火灾延续时间，不应小于防火分隔水幕或防护冷却火幕设置部位墙体的耐火极限。

消防水池的总蓄水有效容积大于 500m³ 时，宜设两格能独立使用的消防水池；当大于 1000m³ 时，应设置能独立使用的两座消防水池，以便水池检修、清洗时仍能保证消防用水的供给。每格（或座）消防水池应设置独立的出水管，并应设置满足最低有效水位的连通管，且其管径应能满足消防给水设计流量的要求。

（二）消防水箱的有效容积

临时高压消防给水系统的高位消防水箱的有效容积应满足初期火灾消防用水量的要求，并应符合下列规定：（1）一类高层公共建筑，不应小于 36m³，但当建筑高度大于 100m 时，不应小于 50m³，当建筑高度大于 150m 时，不应小于 100m³；（2）多层公共建筑、二类高层公共建筑和一类高层住宅，不应小于 18m³，当一类高层住宅建筑高度超过 100m 时，不应小于 36m³；（3）二类高层住宅，不应小于 12m³；（4）建筑高度大于 21m 的多层住宅，不应小于 6m³；（5）工业建筑室内消防给水设计流量当小于或等于 25L/s 时，不应小于 12m³，大于 25L/s 时，不应小于 18m³；（6）总建筑面积大于 10000m² 且小于 30000m² 的商店建筑，不应小于 36m³，总建筑面积大于 30000m² 的商店，不应小于 50m³，当与（1）规定不一致时应取其较大值。

五、消防管网的水力计算

在火灾初期消防给水管网由高位水箱供水，后期由消防水泵供水，因工况变化有不同的水流流向。在进行消防管网水力计算时，首先选定不同工况下的供水最不利点，以此确定计算管路，并将室内消防用水量进行合理的流量分配。

从最不利点消火栓开始，逐一计算出每只消火栓水枪的实际射流量，因而确定了各个管段的消防流量。控制消火栓给水管道中的流速不大于 2.5m/s，便可根据各管段的流量、流速，通过计算或查水力计算表确定该段管径。

消防管道沿程水头损失的计算方法与给水管网计算相同，其局部水头损失可采用管道沿程水头损失的 10% 计，也可将各种管件折算成当量长度，按沿程水头损失的公式计算。

六、消防水泵

室内消火栓系统加压水泵的流量不应小于室内消火栓系统的设计流量。

消防水泵的设计扬程应满足灭火系统的压力要求。

$$P = k_2(\sum P_f + \sum P_p) + 0.01H + P_0 \tag{2-9}$$

式中　P——消防水泵或消防给水系统所需要的设计扬程或设计压力（MPa）；

k_2——安全系数，可取 1.20～1.40；宜根据管道的复杂程度和不可预见发生的管道变更所带来的不确定性；

H——当消防水泵从消防水池吸水时，H 为最低有效水位至最不利水灭火设施的几何高差；当消防水泵从市政给水管网直接吸水时，H 为火灾时市政给水管网在消防水泵入口处的设计压力值的高程至最不利水灭火设施的几何高差（m）；

P_0——最不利点水灭火设施所需的设计压力（MPa）。

七、减压设施

（一）室内消火栓栓口的剩余水头

水流从消防供水设备（消防水泵或消防水箱）流至某个消火栓栓口时剩余的水头，减去栓口所需要的工作压力，所得的余压称为栓口的剩余水头。

当消防水泵自下而上向消防管网供水时：

$$H_{xsh} = H_b - H_{xh} - h_z - \Delta h \qquad (2-10)$$

式中　H_{xsh}——最不利点消火栓栓口的剩余压力（MPa）；

$\quad\quad H_b$——水泵在设计流量时的扬程（MPa）；

$\quad\quad H_{xh}$——消火栓栓口所需最小工作压力（MP）；

$\quad\quad h_z$——计算消火栓与水泵最低吸水面之间的高差造成的静水压力（MPa）；

$\quad\quad \Delta h$——消防水泵吸水管路到最不利点消火栓之间的总水头损失（MPa）。

由消防水箱自上而下向消防管网供水时

$$H_{xsh} = H_z - H_{xh} - \Delta h \qquad (2-11)$$

式中　H_z——消防水箱最低水位与最不利点消火栓栓口之间高差造成的静水压力（MPa）；

$\quad\quad \Delta h$——消防水箱到最不利消火栓之间管道内总的水头损失（MPa）。

（二）减压设施

常用的减压设施有减压孔板和减压阀，是利用局部阻力来消耗栓口处的剩余水头。比如：

减压孔板的局部水头损失为：

$$H_k = 0.01 \xi V_k^2 / (2g) \qquad (2-12)$$

式中　H_k——水流通过减压孔板时的水头损失（MPa）；

$\quad\quad V_k$——水流通过减压孔板后的流速（m/s）；

$\quad\quad \xi$——减压孔板的局部阻力系数。

减压孔板的水头损失应等于消火栓栓口的剩余水压 H_{xsh}，其孔径按下式计算：

$$D_k = \sqrt{\dfrac{4q}{\mu \sqrt{2gH_{xsh}}}} \qquad (2-13)$$

式中　D_k——减压孔板的孔径（mm）；

$\quad\quad q$——通过孔板的流量（L/s）；

$\quad\quad H_{xsh}$——消火栓剩余水压（mH_2O）；

$\quad\quad g$——重力加速度（m/s^2）；

$\quad\quad \mu$——孔口流量系数，一般采用 0.62。

第五节　自动喷水灭火系统的类型与组成

自动喷水灭火系统能够在火灾发生后自动喷水灭火，并发出火灾警报，扑灭初期火灾的效率在 97% 以上，对及时扑灭火灾起着重要作用。

一、自动喷水灭火系统的类型

自动喷水灭火系统按喷头的开启形式分为闭式系统和开式系统；从报警阀型式可分为湿式系统、干式系统、干湿两用系统、预作用系统和雨淋系统等；从对保护对象的功能又可分为暴露防护型（水幕或冷却等）和控灭火型；从喷头型式又可分为传统型（普通型）喷头和洒水型喷头、大水滴型喷头和 ESER 型喷头等，还可分为泡沫系统和泡沫喷淋联用系统等如图 2-11 所示。

（一）湿式自动喷水灭火系统

湿式自动喷水灭火系统的特征是，安装有自动喷水闭式喷头，且平时管道系统充满水。当喷头受到火灾释放热量的驱动打开后，喷头立即喷水灭火。一个喷头动作后系统便自动启动。适用于温度介于 4～70℃的场所。

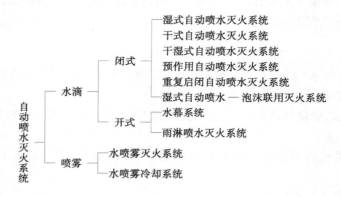

图 2-11 自动喷水灭火系统的类型

湿式自动喷水灭火系统由闭式喷头、水流指示器、湿式报警阀组、控制阀、末端试水装置、水泵接合器和供水设备等组成，如图 2-12 所示。

湿式报警阀组由延迟器、水力警铃、压力开关、信号阀以及报警阀本身等组成。为提高系统的可靠性，一个报警阀控制的喷头数不宜大于 800 只。

末端试水装置由放水阀和压力表组成，在每个报警阀组控制的最不利点喷头处设置，其出水口的流量系数应等于喷头的流量系数。

水流指示器布置在各楼层或是每个防火分区内。闭式喷头开启后，管道中水流通过引起浆片随水流动作，电路接通，继电器触点延时 15～20s 后吸合，向消防控制室发出指示开启喷头所在位置的电信号。

火灾探测器是自动喷水灭火系统中自动报警系统的组成部分。常用的有感烟、感温探测器。感烟探测器是利用火灾发生地点的烟雾浓度进行探测；感温探测器是通过火灾引起的温升进行探测。火灾探测器布置在房间或走道的天花板下面，其数量应根据探测器的保护面积和控制区面积计算而定。

（二）干式自动喷水灭火系统

干式自动喷水灭火系统的特征是，在干式报警阀后的管道系统上平时充满有压空气或氮气，灭火时喷头受热打开后先排气后喷水。干式系统是依据喷头爆破，利用管道内有压气体泄压来驱动干式报警阀，从而实现系统自动启动的目的。与湿式系统相比，湿式系统是用水作为系统自动驱动媒介，而干式系统是用有压空气或氮气作为系统自动驱动媒介。干式系统不宜用于可燃物燃烧速度快的场所，适用于室温小于 4℃及不小于 70℃的场所，见图 2-13。一个报警阀控制的喷头数不宜大于 500 只。

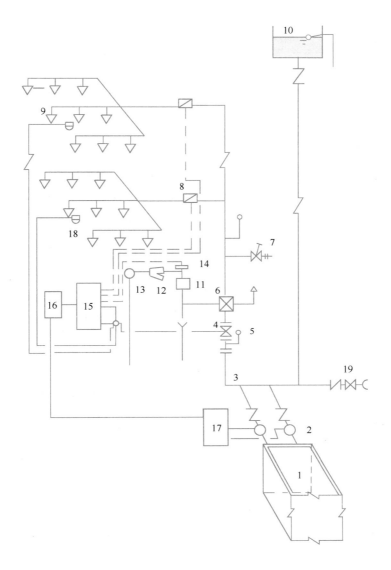

图 2-12 湿式自动喷水灭火系统组成

1—消防水箱；2—消防泵；3—管网；4—控制蝶阀；5—压力表；6—湿式报警阀；7—泄放试验阀；
8—水流指示器；9—喷头；10—高位水箱、稳压泵或气压给水设备；11—延时器；12—过滤器；
13—水力警铃；14—压力开关；15—报警控制器；16—非标控制箱；17—水泵启动箱；
18—火灾探测器；19—水泵接合器

（三）预作用自动喷水灭火系统

预作用自动喷水灭火系统的特征是，预作用报警阀后的配水管道平时不充水，火灾发生后由火灾自动报警系统自动连锁或远控、手动启动预作用报警阀，配水管道立即充水，转换为湿式系统。预作用系统既具有湿式和干式系统的优点，又避免了两者的弊端，适用于严禁管道漏水、严禁系统误喷的场所，可在环境温度低于 4℃ 或大于 70℃ 的场所替代干式系统。

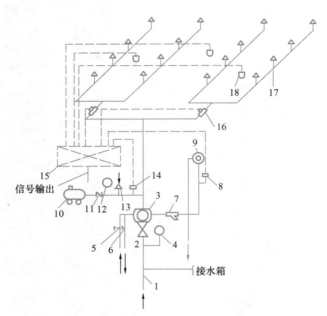

图 2-13 干式自动喷水灭火系统组成

1—供水管；2—闸阀；3—干式阀；4—压力表；5、6—截止阀；
7—过滤器；8—压力开关；9—水力警铃；10—空压机；11—止回
阀；12—压力表；13—安全阀；14—压力开关；15—火灾报警控
制箱；16—水流指示器；17—闭式喷头；18—火灾探测器

（四）重复启闭预作用自动喷水灭火系统

重复启闭预作用自动喷水灭火系统是能在扑灭火灾后自动关阀、复燃时再次开阀喷水的预作用系统。目前这种系统有两种形式，一种是喷头具有自动重复启闭的功能，另一种是系统通过烟温感传感器控制系统的控制阀，来实现系统的重复启闭的功能。重复启闭预作用系统能防止因系统自动启动灭火后，因无人关闭系统而产生不必要的水渍损失。适用于灭火后必须及时停止喷水的场所，如：计算机房、棉花仓库以及烟草仓库等，应采用重复启闭预作用系统。

（五）雨淋系统

雨淋系统是采用开式喷头，由火灾自动报警系统或传动管系统自动启动雨淋报警阀并启动水泵，使与雨淋阀连接的一组喷头同时喷水。雨淋系统适用于火灾危险性大、火势蔓延快的场所，闭式系统喷头开放后喷水不能有效覆盖起火范围的高度危险场所，以及因室内静空超高，闭式喷头不能及时动作的场所，如舞台等。

（六）水幕系统

水幕系统分为防火分隔水幕和防护冷却水幕两类。防火分隔水幕是利用密集喷洒所形成的水墙或水帘起到防火分隔作用，以阻断烟气和火势的蔓延；防护冷却水幕是利用直接喷向分隔物（主要是防火卷帘）的水起到冷却防火卷帘的作用，保持分隔物在火灾中的完整性和隔热性。水幕系统适用于建筑内需要防火隔断，或保护冷却的部位，如：舞台与观众之间的隔离水帘，消防防火卷帘的冷却等，其组成见图 2-14。

（七）水喷雾灭火系统

水喷雾灭火系统利用水雾喷头把水粉碎成细小的水雾滴之后喷射到正在燃烧的物质表面，通过表面冷却、窒息以及乳化、稀释的同时作用实现灭火。由于水喷雾具有多种灭火机理，使其具有使用范围广的优点。水喷雾灭火系统可用于扑救固体物质火灾、丙类液体火灾、饮料酒火灾和电气火灾，并可用于可燃气体和甲、乙、丙类液体的生产，储存装置或装卸设施的防护冷却。水喷雾灭火系统不得用于扑救遇水能发生化学反应造成燃烧、爆炸的火灾，以及水雾会对保护对象造成明显损害的火灾。

水喷雾灭火系统由水源、供水设备、管道、雨淋报警阀（或电动控制阀、气动控制阀）、过滤器和水雾喷头等组成。水雾喷头的工作压力，用于灭火时，应大于或等于

0.35MPa；用于防护冷却时，应大于或等于 0.15MPa。水雾喷头与保护对象的距离应小于或等于水雾喷头的有效射程，用于电气火灾场所时，应采用离心雾化型水雾喷头。

（八）自动喷水—泡沫联用灭火系统

在自动喷水灭火系统中配置可供给泡沫混合液的设备，组成既可喷水又可喷泡沫的固定灭火系统，即自动喷水—泡沫联用系统。该系统可分为：先喷泡沫后喷水，或是先喷水后喷泡沫两种类型。该系统的特点是能够强化灭火效果，前期喷水控火，后期喷泡沫强化灭火效果；前期喷泡沫灭火，后期喷水冷却可以防止复燃。

自动喷水—泡沫联用系统可应用于 A 类固体火灾、B 类易燃液体火灾、C 类气体火灾的扑灭。我国现行《汽车库、修车库、停车场设计防火规范》GB 50067 中规定大型汽车库宜采用自动喷水—泡沫联用系统，该系统还可用于柴油发电机房、锅炉房和仓库等场所。

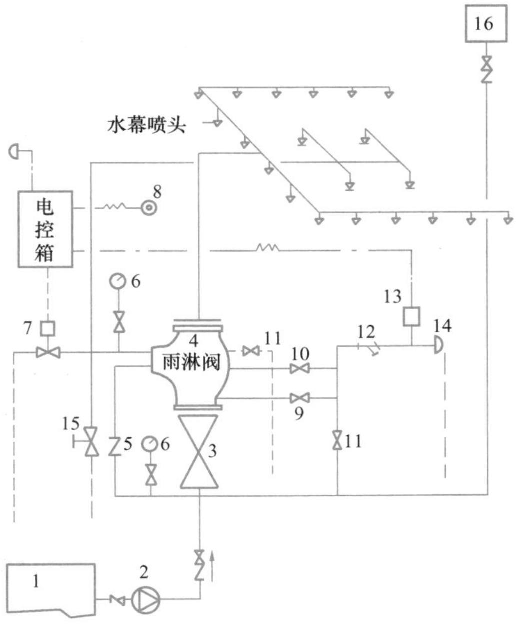

图 2-14　水幕系统组成

1—水池；2—水泵；3—供水闸阀；4—雨淋阀；5—止回阀；6—压力表；7—电磁阀；8—按钮；9—试警铃阀；10—警铃管阀；11—放水阀；12—滤网；13—压力开关；14—警铃；15—手动快开阀；16—水箱

二、自动喷水灭火系统的设置原则及等级划分

鉴于我国经济发展状况，目前要求在人员密集不易疏散，需外部增援灭火或救灾困难和火灾危险性较大的场所设置自动喷水灭火系统。自动喷水灭火系统的设置场所应按现行《自动喷水灭火系统设计规范》GB 50084 中的规定确定。

自动喷水灭火系统的设置场所应进行火灾危险性等级划分，这是选择系统类型和确定设计基本数据的依据。确定火灾危险等级的因素包括：火灾危险性大小、火灾发生频率、可燃物数量、单位时间内释放的热量、火灾蔓延速度以及扑救难易程度。

建筑物自身的特征对自动喷水系统扑救的难易程度也有影响，层高和面积较大的建筑物，火灾形成的热气流不容易在屋面下积聚，烟气不容易接触或淹没喷头，使喷头的温升缓慢、动作时间推迟，从而导致喷头出水时间的延迟，导致火灾蔓延，致使系统灭火难度增加。当建筑物的层高较高时，喷头洒水穿越热气流区域的距离增大，被吹跑或汽化的水量增加，削弱了系统的灭火能力。在系统设计时应运用火灾理论来分析具体建筑物的性质再来确定其危险等级和设计参数。

自动喷水灭火系统设置场所火灾危险等级举例见附录 2-3。

三、喷头的类型及其选用

（一）喷头的类型

1. 闭式喷头

闭式喷头的喷口用热敏元件组成的释放机构封闭，当达到一定温度能自动开启，如玻璃球爆炸，易熔合金脱离，其构造按溅水盘的形式和安装位置有直立型、下垂型、边墙型、普通型、吊顶型和干式下垂型洒水喷头之分，如图2-15所示。

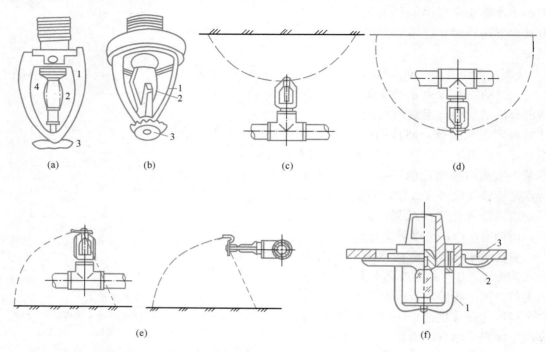

图2-15　闭式喷头构造示意图

（a）玻璃球洒水喷头；1—支架；2—玻璃球；3—溅水盘；4—喷水口；（b）易熔合金洒水喷头；1、3同（a）；2—合金锁片；（c）直立型；（d）下垂型；（e）边墙型（立式、水平式）；（f）吊顶型；1—支架；2—装饰罩；3—吊顶

根据闭式喷头的动作温度，标示有不同的颜色，见附录2-4。

响应时间指数（RTI）是闭式喷头的热敏性能指标，当响应时间指数 $RTI \leqslant 50(\text{m} \cdot \text{s})^{0.5}$ 时，称之为快速响应喷头；当响应时间指数 $50 < RTI \leqslant 80(\text{m} \cdot \text{s})^{0.5}$ 时，称之为标准响应喷头；当响应时间指数 $RTI \leqslant 28 \pm 8(\text{m} \cdot \text{s})^{0.5}$ 时，称之为早期抑制快速响应喷头，是用于保护高堆垛与高货架仓库的大流量特种洒水喷头。

流量系数 $K \geqslant 80$，一只喷头的最大保护面积不超过 20m^2 的直立型、下垂型洒水喷头及一只喷头的最大保护面积不超过 18m^2 的边墙型洒水喷头，称之为标准覆盖面积洒水喷头；流量系数 $K \geqslant 80$，一只喷头的最大保护面积大于标准覆盖面积洒水喷头的保护面积，且不超过 36m^2 的洒水喷头，包括直立型、下垂型和边墙型扩大覆盖面积洒水喷头，称之为扩大覆盖面积洒水喷头。流量系数 $K = 80$ 的标准覆盖面积洒水喷头，称之为标准流量洒水喷头。

2. 开式喷头

开式喷头根据用途又分为开启式、水幕和喷雾三种类型。

（二）喷头的选用

各种喷头的适用场所见表2-7。

各种喷头的适用场所 表 2-7

喷头类别		适用场所
闭式喷头	玻璃球洒水喷头	因外形美观、体积小、重量轻、耐腐蚀,适用于宾馆等要求美观高和具有腐蚀性场所
	易熔合金洒水喷头	适用于外观要求不高、腐蚀性不大的工厂、仓库和民用建筑
	直立型洒水喷头	适用于安装在管路下经常有移动物体的场所,尘埃较多的场所
	下垂型洒水喷头	适用于各种保护场所
	边墙型洒水喷头	安装空间狭窄、通道状建筑适用此种喷头
	吊顶型喷头	属装饰型喷头,可安装于旅馆、客厅、餐厅、办公室等建筑
	普通型洒水喷头	可直立、下垂安装,适用于有可燃吊顶的房间
	干式下垂型洒水喷头	专用于干式喷水灭火系统的下垂型喷头
开式喷头	开式洒水喷头	适用于雨淋喷水灭火和其他开式系统
	水幕喷头	凡需保护的门、窗、洞、檐口、舞台口等应安装这类型喷头
	喷雾喷头	用于保护石油化工装置、电力设备等
特殊喷头	自动启闭洒水喷头	这种喷头具有自动启闭功能,凡需降低水渍损失场所均适用
	快速反应洒水喷头	这种喷头具有短时启动效果,凡要求启动时间短的场所均适用
	大水滴洒水喷头	适用于高架库房等火灾危险等级高的场所
	扩大覆盖面洒水喷头	喷水保护面积可达 30~36m² ,可降低系统造价

湿式系统的喷头选型应符合下列规定:(1)不做吊顶的场所,当配水支管布置在梁下时,应采用直立型喷头;(2)吊顶下布置的喷头,应采用下垂型喷头或吊顶型喷头;(3)顶板为水平面的轻危险级、中危险级Ⅰ级住宅建筑、宿舍、旅馆建筑客房、医疗建筑病房和办公室,可采用边墙型洒水喷头;(4)易受碰撞的部位,应采用带保护罩的洒水喷头或吊顶型洒水喷头;(5)顶板为水平面,且无梁、通风管道等障碍物影响喷头洒水的场所,可采用扩大覆盖面积洒水喷头;(6)住宅建筑和宿舍、公寓等非住宅类居住建筑宜采用家用喷头;(7)不宜选用隐蔽式洒水喷头;确需采用时,应仅适用于轻危险级和中危险级Ⅰ级场所。

自动喷水灭火系统应有备用喷头,其数量不应少于总数的1%,且每种型号均不得少于10只。

四、喷头及管网的布置原则

(一)喷头布置

闭式喷头是自动喷水灭火系统的关键组件,应布置在顶板或吊顶下,易于接触到火灾热气流并有利于均匀布水的位置,应防止障碍物屏障热气和破坏洒水分布;喷头的布置应满足喷头的水力特性、布水特性的要求;应使所保护区域内的任何部位火灾发生时都能满足一定喷水强度的水量;应不超出其最大保护面积以及喷头最大和最小间距。

喷头的平面布置形式应根据天花板、吊顶的装修要求,布置成正方形、长方形和菱形等型式,见图 2-16。

一只喷头的保护面积是指同一根配水支管上相邻喷头的距离与相邻配水支管之间距离的乘积。对于直立型、下垂型喷头的布置,同一根配水支管上喷头的距离、相邻配水支管

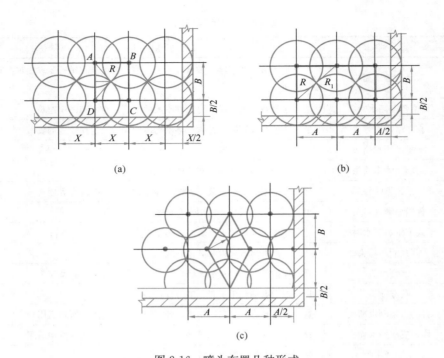

图 2-16　喷头布置几种形式

（a）喷头正方形布置：X—喷头间距，R—喷头计算喷水半径；（b）喷头长方形布置：
A—长边喷头间距，B—短边喷头间距；（c）喷头菱形布置

之间的距离，与喷水强度、喷头的流量系数和工作压力有关，不应大于表 2-8 中的规定，且不应小于 1.8m。除吊顶型洒水喷头及吊顶下设置的洒水喷头外，直立型、下垂型标准覆盖面积洒水喷头和扩大覆盖面积洒水喷头溅水盘与顶板的距离应为 75～150mm，并应符合相关规范规定。

直立型、下垂型标准覆盖面积洒水喷头的布置　　　　表 2-8

火灾危险等级	正方形布置的边长（m）	矩形或平行四边形布置的长边边长（m）	一只喷头的最大保护面积（m²）	喷头与端墙的距离（m）	
				最大	最小
轻危险级	4.4	4.5	20.0	2.2	
中危险Ⅰ级	3.6	4.0	12.5	1.8	
中危险Ⅱ级	3.4	3.6	11.5	1.7	0.1
严重危险级、仓库危险级	3.0	3.6	9.0	1.5	

注：1. 设置单排洒水喷头的闭式系统，其洒水喷头间距应按地面不留漏喷空白点确定。
　　2. 严重危险级或仓库危险级场所宜采用流量系数大于 80 的洒水喷头。

对于边墙型喷头，因它与室内最不利点火源的距离较远、喷头受热条件较差，喷头的最大保护跨度与间距应符合表 2-9 中的规定。

边墙型标准覆盖面积洒水喷头的最大保护跨度与间距　　　　表 2-9

设置场所火灾危险等级	轻危险级	中危险级Ⅰ级
配水支管上喷头的最大间距	3.6	3.0

续表

设置场所火灾危险等级	轻危险级	中危险级Ⅰ级
单排喷头的最大保护跨度	3.6	3.0
两排相对喷头的最大保护跨度	7.2	6.0

注：1. 两排相对喷头应交错布置。

　　2. 室内跨度大于两排相对喷头的最大保护跨度时，应在两排相对喷头中间增设一排喷头。

（二）管网布置

1. 报警阀前的供水管网

报警阀前的供水管网分为环状和枝状两种形式，当系统设置的报警阀数少于 2 个时，可采用枝状管网；报警阀数量不少于 2 个时，应采用环状管网，以提高系统的可靠性。

2. 报警阀后的配水管网

报警阀后的配水管网可分为枝状、环状和格栅状管网。枝状管网又分为侧边末端进水、侧边中央进水（图 2-17a）、中央末端进水和中央中心进水（图 2-17b）等形式；自动喷水系统的环状管网一般为一个环，多环时为格栅状管网。

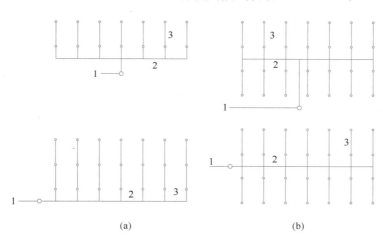

图 2-17　配水管网布置形式

（a）侧边布置；（b）中央布置

1—主配水管；2—配水管；3—配水支管

配水管道的工作压力不应大于 1.2MPa，并不应设置其他用水设施。配水管道应采用内外热镀锌钢管或铜管、不锈钢管，采用沟槽式连接件（卡箍），或丝扣、法兰连接。系统的水平管道宜有坡度，充水管道不宜小于 2‰，准工作状态不充水的管道不宜小于 4‰，管道应坡向泄水阀。系统安装完毕后，应对管网进行强度试验，严密性试验和冲洗。

管道的管径应经水力计算确定。配水管两侧每根配水支管控制的标准喷头数不应超过 6～8 只，按规范规定选取。轻危险级、中危险级场所中配水支管、配水管控制的标准喷头数，不应超过表 2-10 的规定。

轻危险级、中危险级场所中配水支管、配水管控制的标准喷头数　　表 2-10

公称管径（mm）	控制的标准喷头数（只）	
	轻危险级	中危险级
25	1	1
32	3	3
40	5	4
50	10	8
65	18	12
80	48	32
100	—	64

第六节　自动喷水灭火系统的设计计算

一、设计基本参数

自动喷水灭火系统的设计基本参数主要有：喷水强度、作用面积和喷头工作压力等，应按规范选取，表 2-11～表 2-13 分别为民用建筑和厂房普通高度场所、民用建筑和厂房高大空间场所采用湿式系统的设计基本参数及水幕系统的设计基本参数。

民用建筑和厂房普通高度场所采用湿式系统的设计基本参数　　表 2-11

火灾危险等级		最大净空高度 h（m）	喷水强度 $[L/(min \cdot m^2)]$	作用面积（m²）
轻危险级			4	
中危险级	Ⅰ级		6	160
	Ⅱ级	$h \leqslant 8$	8	
严重危险级	Ⅰ级		12	260
	Ⅱ级		16	

注：系统最不利点处洒水喷头的工作压力不应低于 0.05MPa。

民用建筑和厂房高大空间采用湿式系统的设计基本参数　　表 2-12

适用场所		最大净空高度 h（m）	喷水强度 $[L/(min \cdot m^2)]$	作用面积（m²）	喷头间距 S（m）
民用建筑	中庭、体育馆、航站楼等	$8 < h \leqslant 12$	12		
		$12 < h \leqslant 18$	15		
	影剧院、音乐厅、会展中心等	$8 < h \leqslant 12$	15	160	$1.8 \leqslant S \leqslant 3.0$
		$12 < h \leqslant 18$	20		
厂房	制衣制鞋、玩具、木器、电子生产车间等	$8 < h \leqslant 12$	15		
	棉纺厂、麻纺厂、泡沫塑料生产车间等		20		

注：1. 表中未列入的场所，应根据本表规定场所的火灾危险性类比确定。

2. 当民用建筑高大空间场所的最大净空高度为 12m$<h\leqslant$18m 时，应采用非仓库型特殊应用喷头。

水幕系统的设计基本参数　　　　　表 2-13

水幕系统类别	喷水点高度 h（m）	喷水强度 [L/(min·m²)]	喷头工作压力（MPa）
防护分隔水幕	$h \leqslant 12$	2.0	0.1
防护冷却水幕	$h \leqslant 4$	0.5	

注：1. 防护冷却水幕的喷水点高度每增加 1m，喷水强度应增加 0.1L/(s·m)，但超过 9m 时喷水强度仍采用 1.0L/(s·m)。

2. 系统持续喷水时间不应小于系统设置部位的耐火极限要求。

3. 喷头布置应符合本规范相关规定。

当采用防护冷却系统保护防火卷帘、防火玻璃墙等防火分隔设施时，系统应独立设置，且应符合下列要求：

（1）喷头设置高度不应超过 8m；当设置高度为 4～8m 时，应采用快速响应洒水喷头。

（2）喷头设置高度不超过 4m 时，喷水强度不应小于 0.5L/(s·m)；当超过 4m 时，每增加 1m，喷水强度应增加 0.1L/(s·m)。

（3）喷头的设置应确保喷洒到被保护对象后布水均匀，喷头间距应为 1.8～2.4m；喷头溅水盘与防火分隔设施的水平距离不应大于 0.3m，与顶板的距离应符合规范相关规定。

（4）持续喷水时间不应小于系统设置部位的耐火极限要求。

二、喷头的出流量

根据喷头处压力可求出流量公式：

$$q = K\sqrt{10P} \tag{2-14}$$

式中　q——喷头出流量（L/min）；

　　　K——喷头的流量系数；

　　　P——喷头处压力（MPa）。

三、作用面积

作用面积是指一次火灾中自动喷水灭火系统按喷水强度保护的最大面积。作用面积法是规范推荐的确定系统设计流量计算方法。

水力计算选定的最不利点处的作用面积宜为矩形，其长边应平行于配水支管，其长度不宜小于作用面积平方根的 1.2 倍，即作用面积的长边为：

$$L = 1.2\sqrt{F} \tag{2-15}$$

式中　L——作用面积长边的最小长度（m）；

　　　F——作用面积（m²）。

则：作用面积的短边为：$B = F/L$。

四、系统的设计流量

系统的设计流量应按最不利点处作用面积内喷头同时喷水的总流量确定：

$$Q_s = \frac{1}{60}\sum_{i=1}^{n} q_i \tag{2-16}$$

式中　Q_s——系统设计流量（L/s）；

　　　q_i——最不利点处作用面积内各喷头节点流量（L/min）；

　　　n——最不利点处作用面积内的喷头数。

　　系统的设计流量计算结果，应保证任意作用面积内平均喷水强度不小于表 2-11、表 2-12 中的规定值，且最不利点处作用面积内任意 4 只喷头围合范围内的平均喷水强度，轻危险级、中危险级不应低于表 2-11、表 2-12 中规定值的 85%；严重危险级和仓库危险级不应低于表 2-11、表 2-12 中的规定值。

　　建筑内有不同类型的系统或有不同危险等级的场所时，系统的设计流量，应按其设计流量的最大值确定。

　　当建筑内同时设有自动喷水灭火系统和水幕系统时，系统的设计流量，应按同时启用的自动喷水灭火系统和水幕系统的用水量计算，并取二者之和中的最大值确定。

　　雨淋系统和水幕系统的设计流量，应按雨淋阀控制的喷头的流量之和确定。多个雨淋阀并联的雨淋系统，其系统设计流量，应按同时启用雨淋阀的流量之和的最大值确定。

　　五、确定管径和水头损失

　　根据各个管段的设计流量，控制自动喷水灭火系统管道内的水流速度不超过 5m/s（在个别情况下配水支管内的水流速度不大于 10m/s），便可确定管网各个管段的管径。

　　自动喷水灭火系统沿程水头损失的计算方法与给水系统相同，管道的局部水头损失宜采用当量长度法，当量长度表见附录 2-5。

　　六、确定系统加压水泵的扬程或系统入口的供水压力

$$H = (1.20 \sim 1.40)\Sigma P_p + P_0 + Z - h_c \tag{2-17}$$

式中　H——水泵扬程或系统入口的供水压力（MPa）；

　　ΣP_p——管道沿程和局部水头损失的累计值（MPa），报警阀的局部水头损失应按照产品样本或检测数据确定，当无上述数据时，湿式报警阀取值 0.04MPa、干湿报警阀取值 0.02MPa、预作用装置取值 0.08MPa、雨淋报警阀取值 0.07MPa、水流指示器取值 0.02MPa；

　　P_0——最不利点处喷头的工作压力（MPa）；

　　Z——最不利点处喷头与消防水池的最低水位或系统入口管水平中心线之间的高程差，当系统入口管或消防水池最低水位高于最不利点处喷头时，Z 应取负值（MPa）；

　　h_c——从城市市政管网直接抽水时城市管网的最低水压（MPa）；当从消防水池吸水时，h_c 取 0。

第七节　其他固定灭火设施简介

　　一、干粉灭火系统

　　以干粉为灭火剂的灭火系统称为干粉灭火系统。灭火时靠加压气体将干粉从喷嘴射出，形成一股雾状粉流射向燃烧物，依靠干粉对燃烧的抑制作用达到灭火的目的。干粉由干基料和添加剂混合而成。基料泛指易流动的干燥细小粉末，可借助有压气体的喷射形成粉雾，添加剂的作用是增加灭火剂流动和防潮性。

　　当干粉被大量喷向火焰时吸收维持燃烧连锁反应的活性基团，使燃烧连锁反应中断，熄灭火焰；另外，干粉在火场受热爆裂成更小的粉粒，增加了其与火焰的接触面积，提高了灭火效力；干粉的粉雾对火焰的包围可减少热辐射，粉末受热时释放结晶水或分解也可以吸收部分热量而分解生成不活泼气体。

干粉灭火的优点是历时短、效率高、绝缘好、灭火后损失小、不怕冻、不用水、可长期储存等。

干粉有普通型干粉（BC 类）、多用干粉（ABC 类）和金属干粉（D 类）。

BC 类干粉适用于扑救易燃、可燃液体如汽油、润滑油等火灾，也可用于扑救可燃气体如液化气、乙炔气等火灾和带电设备火灾。

ABC 类干粉除可用于扑救易燃、可燃液体、可燃气体和带电设备火灾外，还能扑救一般固体物质如木材、棉、麻、竹等形成的火灾。

D 类干粉主要用作扑救钾、钠、镁等可燃金属火灾，当其投加到这些燃烧的金属时，可与金属表层发生反应而形成熔层，与周围空气隔绝，使金属燃烧窒息。

二、泡沫灭火系统

泡沫灭火工作原理是应用泡沫灭火剂，使其与水混溶后产生一种可漂浮、粘附在可燃、易燃液体、固体表面，或者充满某一着火物质的空间，达到隔绝、冷却，使燃烧物质熄灭。

泡沫灭火剂按其成分有三种类型：

（1）化学泡沫灭火剂　灭火剂是由带结晶水的硫酸铝[$(AL_2SO_4)_3 \cdot H_2O$]和碳酸氢钠（$NaHCO_3$）组成。使用时，使两者混合反应后产生 CO_2 灭火，这种灭火剂目前仅用于装填在小型手提灭火器中使用。

（2）蛋白质泡沫灭火剂　灭火剂成分主要是对骨胶朊、皮角朊、动物角、蹄、豆饼等水解后，适当投加稳定剂、防腐剂、降黏剂等添加剂混合而成的液体。目前国内这类产品多为蛋白泡沫液添加适量氟碳表面活性剂制成的泡沫液。

（3）合成型泡沫灭火剂　是一种以石油产品为基料制成的泡沫灭火剂。目前国内应用较多的有凝胶剂，水成膜和高倍数等三种合成型泡沫灭火剂。

按照泡沫液发泡性能，又可分为低倍数泡沫灭火系统、中倍数灭火系统和高倍数灭火系统。根据系统设置方式分固定式泡沫灭火系统（图 2-18）、半固定式泡沫灭火系统、移动式泡沫灭火系统。根据喷射口的位置分液上喷射式、液下喷射式和喷淋方式。

泡沫灭火系统的工作压力、泡沫混合液的供给强度和连续供给时间，应满足有效灭火或控火的要求。保护场所中所用泡沫液应与灭火系统的类型、扑救的可燃物性质、供水水质等相适应，并应符合下列规定：（1）用于扑救非水溶性可燃液体储罐火灾的固定式低倍数泡沫灭火系统，应使用氟蛋白或水成膜泡沫液；（2）用于扑救水溶性和对普通泡沫有破坏作用的可燃液体火灾的低倍数泡沫灭火系统，应使用抗溶水成膜、抗溶氟蛋白或低黏度抗溶氟蛋白泡沫液；（3）采用非吸气型喷射装置扑救非水溶性可燃液体火灾的泡沫—水喷淋系统、泡沫枪系统、泡沫炮系统，应使用 3% 型水成膜泡沫液；（4）当采用海水作为系统水源时，应使用适用于海水的泡沫液。泡沫液宜储存在干燥通风的房间或敞棚内，储存的环境温度应满足泡沫液使用温度的要求。泡沫液泵的工作压力和流量应满足泡沫灭火系统设计要求，同时应保证在设计流量范围内泡沫液供给压力大于供水压力。泡沫灭火系统设计参照现行《消防设施通用规范》GB 55036 和现行《泡沫灭火系统技术标准》GB 50151。

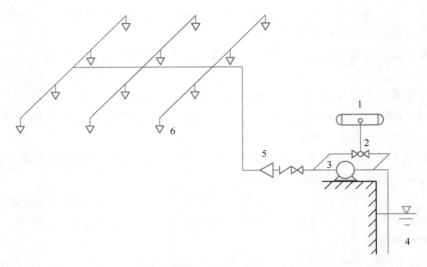

图 2-18 固定式泡沫灭火系统

1—泡沫液贮罐；2—比例混合器；3—消防泵；4—水池；5—泡沫产生器；6—喷头

三、CO_2 灭火系统

CO_2 灭火系统是一种纯物理的气体灭火系统，这种灭火系统具有不污损保护物、灭火快、空间淹没效果好等优点。

CO_2 灭火系统可用于扑灭某些气体、固体表面、液体和电器火灾。一般可以使用卤代烷灭火系统场合均可以采用 CO_2 灭火系统，加之卤代烷灭火系统因卤族元素施放可破坏地球的臭氧层，为了保护地球环境，CO_2 灭火系统日益受到重视，但这种灭火系统造价高，灭火时对人体有害。CO_2 灭火系统不适用于扑灭含氧化剂的化学制品如硝酸纤维、硝酸纤维素塑料、火药等物质燃烧，不适用于扑灭活泼金属如锂、钾、钠、镁、钛、锆等火灾，也不适用于扑灭金属氰化物如氰化钾、氰化钠等火灾。

CO_2 灭火剂是液化气体型，以液相 CO_2 储存于高压（$p \geq 6\text{MPa}$）容器内。当 CO_2 以气体喷向某些燃烧物时，能产生对燃烧物窒息和冷却的作用。CO_2 灭火系统组成见图 2-19。

二氧化碳灭火系统按应用方式可分为全淹没灭火系统和局部应用灭火系统。全淹没灭火系统应用于扑救封闭空间内的火灾；局部应用灭火系统应用于扑救不需封闭空间条件的具体保护对象的非深度火灾。组合分配系统的二氧化碳储存量，不应小于所需储存量最大的一个防护区或保护对象的储存量。二氧化碳灭火系统设计参照现行《消防设施通用规范》GB 55036 和现行《二氧化碳灭火系统设计规范》（2021 年版）GB 50193。

四、蒸汽灭火系统

蒸汽灭火工作原理是在火场燃烧区内，向其施放一定量的蒸汽，可阻止空气进入燃烧区而使燃烧窒息。这种灭火系统只有在经常具备充足蒸汽源的条件下才能设置。蒸汽灭火系统适用于石油化工、炼油、火力发电等厂房，也适用于燃油锅炉房、重油油品等库房或扑救高温设备。蒸汽灭火系统具有设备简单，造价低、淹没性好等优点，但不适用于体积大、面积大的火灾区，不适用于扑灭电器设备、贵重仪表、文物档案等火灾。

蒸汽灭火系统组成如图 2-20 所示。

蒸汽灭火系统分固定式和半固定式两种类型。固定式蒸汽灭火系统为全淹没式灭火系

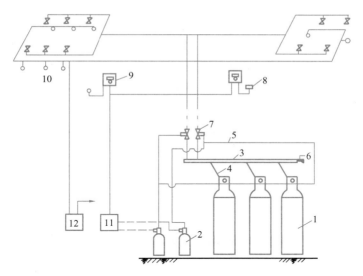

图 2-19　CO_2 灭火系统组成

1—CO_2 贮存容器；2—启动用气容器；3—总管；4—连接管；5—操作管；
6—安全阀；7—选择阀；8—报警器；9—手动启动装置；10—探测器；
11—控制盘；12—检测盘

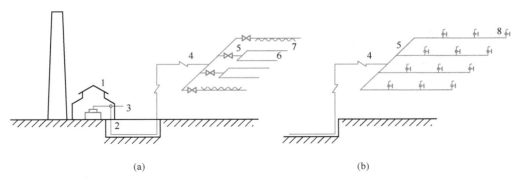

(a)　　　　　　　　　　　　　　　　(b)

图 2-20　蒸汽灭火系统

1—蒸汽锅炉房；2—生活蒸汽管网；3—生产蒸汽管网；4—输汽干管；
5—配气支管；6—配气管；7—蒸汽幕；8—接蒸汽喷枪短管

统，保护空间的容积不大于 $500m^3$ 效果好。半固定式蒸汽灭火系统多用于扑救局部火灾。

蒸汽灭火系统宜采用高压饱和蒸汽（$p \geqslant 0.49 \times 16^6 Pa$），不宜采用过热蒸汽。汽源与被保护区距离一般不大于 60m 为好，蒸汽喷射时间不大于 3min。配气管可沿保护区一侧四周墙面布置，距离宜短不宜太长。管线距地面高度宜在 $200 \sim 300mm$ 范围。管线干管上应设总控制阀，配气管段上根据情况可设置选择阀，接口短管上应设短管手阀。

五、烟雾灭火系统

烟雾灭火系统的发烟剂是以硝酸钾、三聚氰胺、木炭、碳酸氢钾、硫磺等原料混合而成。发烟剂装于烟雾灭火容器内，当使用时，使其发生燃烧反应后释放出烟雾气体，喷射到开始燃烧物质的罐装液面上的空间，形成又厚又浓的烟雾气体层，这样，该罐液面着火处会受到稀释、覆盖和抑制作用而使燃烧熄灭。

烟雾灭火系统主要用于各种油罐、醇、酯、酮类贮罐等初起火灾。

烟雾灭火系统按其灭火器安装位置，有罐内、罐外之分，罐内式烟雾灭火系统的烟雾灭火器，置于罐中心并用浮漂托于液面上，而罐外灭火系统的烟雾灭火器是置于罐外，但其烟雾喷头伸入罐内中心液面上。当罐内空间温度达到 110～120℃时，会使各种烟雾灭火器上探头熔化，通过导火索，导燃烟雾灭火剂而自动喷出烟雾于罐内空间起到灭火效果。

烟雾灭火系统设备简单、扑灭初期火灾快、适用温度范围宽，很适于野外无水、电设施的独立油罐或冰冻期较长地区。

习　　题

1. 何谓水枪的充实水柱？说明各种建筑物对充实水柱长度的要求？

2. 消防给水的水源有哪几种？什么情况下可不设消防水池？

3. 高度不超过 100m 的高层办公楼，层高为 3.5m，确定消水栓水枪所需的充实水柱长度？

4. 某 11 层办公楼，消火栓单行布置，要求有 1 股水柱到达同层任何位置，消火栓作用半径 $R=20m$，层高 3.9m，建筑物总宽 $b=36m$，室内消火栓间距是多少？

5. 某口径 65mm 水龙带长 20m，比阻 $A_d=0.043$，消防流量为 5.4L/s，水枪口径为 19mm，特性系数 $B=0.158$，求消火栓栓口处工作水压？

6. 某消火栓系统采用衬胶水龙带 DN65 mm，水龙带长 20m，水枪口径为 19mm，充实水柱 $H_m=14m$，与之相邻的下层消火栓高差 $\Delta h=3.0m$，采用 DN100 钢管连接，求该消火栓出水量。

7. 自动喷水灭火系统的作用面积是什么含义？如何确定？

8. 简述各种喷头的适用范围，直立型向上喷水喷头能否用于湿式喷水系统中？

9. 说明自动喷水灭火系统的应用范围，在超过 2000 个座位的会堂、礼堂的舞台口，即与舞台相连的侧台、后台的门窗洞口，应设置哪种自动喷水灭火系统？

10. 某 7 层办公楼，最高层喷头安装标高 23.7m（一层地坪标高为±0.000m），喷头流量特性系数为 80，设计喷水强度为 6L/(min·m²)，作用面积为 160m²，形状为长方形，长边为 16m，短边为 10.8m，作用面积内喷头数共 15 个，见图 2-21，试对管道进行水力计算？

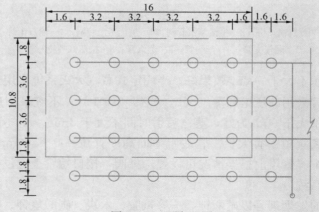

图 2-21　习题 10 图

第三章

建 筑 排 水

第一节　建筑排水系统分类、组成及选择

一、排水系统的分类

建筑排水系统分为污废水排水系统和屋面雨水排水系统。按照污废水的来源又分为生活排水系统和工业废水排水系统；按污染程度的不同采用单独排放还是合并排放，分为合流制和分流制两种体制。建筑排水系统可具体分为以下 7 种类型：

（1）生活排水系统：建筑物内污、废水的合流排水的系统。

（2）生活废水排水系统：排除洗涤、淋浴、盥洗类卫生设备的废水。

（3）生活污水排水系统：排除便溺用卫生器具或其他污染严重的污水。

（4）生产污水排水系统：排除工业企业在生产过程中被化学杂质（有机物、重金属离子、酸、碱等）、机械杂质（悬浮物及胶体物）污染较重的工业废水，需要经过处理，达到排放标准后排放。

（5）生产废水排水系统：排除污染较轻或仅水温升高，经过简单处理后（如降温）可循环或重复使用的较清洁的工业废水。

（6）工业废水排水系统：排除生产污水和生产废水的合流制排水系统。

（7）屋面雨水排水系统：排除屋面雨雪水。

二、排水系统的组成

卫生器具和生产设备的受水器、排水管道、通气管道和清通设备构成了建筑排水系统的基本组成，见图 3-1 所示，在有些排水系统中，还设有污、废水提升设备和局部处理构筑物。

卫生器具和生产设备受水器：卫生器具是收集、排除人们在日常生活中产生的污废水或污物的容器或装置。生产设备受水器是接受、排出工业企业在生产过程中产生的污废水或污物的容器或装置。

排水管道：包括器具排水管（含存水弯）、横支管、立管、埋地干管和排出管。

通气管道：为使排水系统内空气流通，压力稳定，防止水封破坏而设置的与大气相通的管道。

清通设备：用于疏通建筑内部排水管道，保障排水畅通。

提升设备：民用建筑的地下室、人防建筑物、高层建筑地下设备层、工厂车间的地下室和地下铁道等地下空间的污废水，由于无法自流排至室外检查井，需设污废水提升设备。

污水局部处理构筑物：当建筑内部产生的污废水水质，不符合直接排入市政排水管网或水体的要求时，需设污水局部处理构筑物。

三、排水系统的选择

建筑排水体制分为分流制和合流制两种。居住小区的分流制是指生活排水与雨水排水分成两个独立排水系统。建筑内的生活污水管道和雨水管道一般均为单独设置，所以，其分流制是指生活污水与生活废水，或是生产污水与生产废水分别排至建筑物外；建筑内部排水的合流制是指生活污水与生活废水，或是生产污水与生产废水在建筑物内汇合后排至建筑物外。

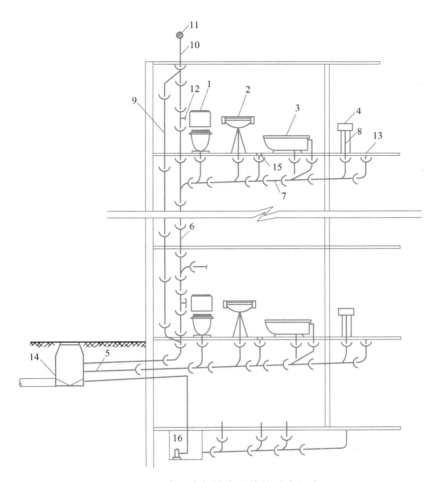

图 3-1 建筑内部排水系统的基本组成

1—坐便器；2—洗脸盆；3—浴盆；4—厨房洗涤盆；5—排水出户管；6—排水立管；
7—排水横支管；8—器具排水管（含存水弯）；9—专用通气管；10—伸顶通气管；
11—通风帽；12—检查口；13—清扫口；14—排水检查井；15—地漏；16—污水泵

排水系统采用分流制还是合流制，应根据污（废）水性质、污染程度、室外排水体制综合利用的可能性及水处理要求等确定：

下列情况宜采用生活污水与生活废水分流的排水系统：（1）当政府有关部门要求污水、废水分流且生活污水需经化粪池处理后才能排入城镇排水管道时；（2）生活废水需回收利用时。

消防排水、生活水池（箱）排水、游泳池放空排水、空调冷凝排水、室内水景排水、无洗车的车库和无机修的机房地面排水等宜与生活废水分流，单独设置废水管道排入室外雨水管道。

下列建筑排水应单独排水至水处理或回收构筑物：（1）职工食堂、营业餐厅的厨房含有油脂的废水；（2）洗车冲洗水；（3）含有致病菌、放射性元素等超过排放标准的医疗、科研机构的污水；（4）水温超过 40℃ 的锅炉排污水；（5）用作中水水源的生活排水；（6）实验室有害有毒废水；（7）应急防疫隔离区及医疗保健站的排水。

第二节　卫生器具、管道材料及附件

一、卫生器具

卫生器具是用来收集和排除污废水的专用设备，也是衡量建筑物等级的重要标准。卫生器具应采用不透水、无气孔、表面光滑、耐腐蚀、耐磨损、耐冷热、便于清扫，有一定强度的材料制造，其材质和技术要求应符合现行的有关产品标准。卫生器具的设置数量，应符合现行的有关设计标准、规范或规定的要求。冲洗设备是便溺器具的配套设备，有冲洗水箱和冲洗阀两种。

（一）便溺用卫生器具

大便器选用应根据使用对象、设置场所、建筑标准等因素确定，且均应选用节水型大便器。坐式大便器有冲洗式、虹吸式和干式坐便器。水冲洗的坐式大便器本身构造包括存水弯，多装设在家庭、宾馆、旅馆、饭店等建筑内。冲洗设备的一般多用低水箱，如图 3-2 所示。干式大便器是一种通过空气循环作用消除臭味并将粪便脱水处理，适合用于无条件用水冲洗的特殊场所。蹲式大便器多装设在公共卫生间、旅馆等建筑内，多用高水箱或冲洗阀进行冲洗。

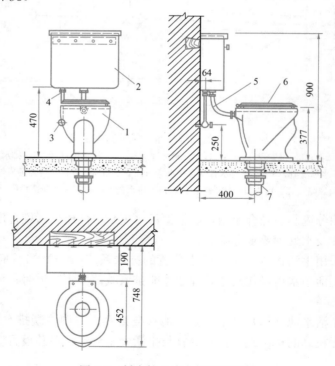

图 3-2　低水箱坐式大便器安装图

1—坐式大便器；2—低水箱；3—DN15 角型阀；4—DN15 给水管；5—DN50 冲水管；6—木盖；7—DN100 排水管

小便器装设在公共男厕所中，有挂式和立式两种。公共场所设置的小便器应采用自闭式冲洗阀或自动冲洗装置。挂式小便器悬挂在墙上，见图 3-3（a）；立式小便器装置在对卫生设备要求较高的公共建筑中，如展览馆、大剧院、宾馆等公共厕所男厕所内，多为两个以上成组装置，如图 3-3（b）所示。

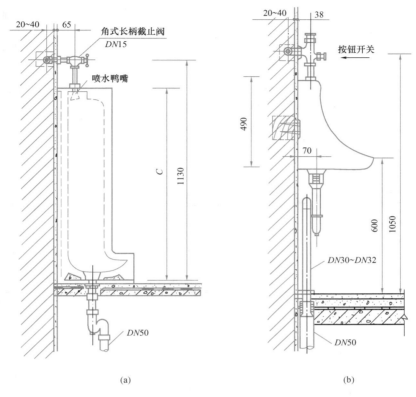

（a）　　　　　　　　　　　（b）

图 3-3　小便器

（二）盥洗、沐浴用卫生器具

洗脸盆形状有长方形、半圆形及三角形等。按架设方式可分为墙架式、柱脚式和台式，如图 3-4 所示。

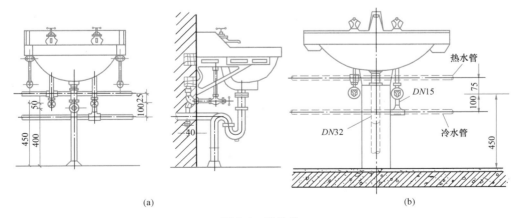

（a）　　　　　　　　　　（b）

图 3-4　洗脸盆

（a）普通型；（b）柱型

　　盥洗槽通常设置在集体宿舍及工厂生活间内，多用水泥或水磨石制成，造价较低，见图 3-5。

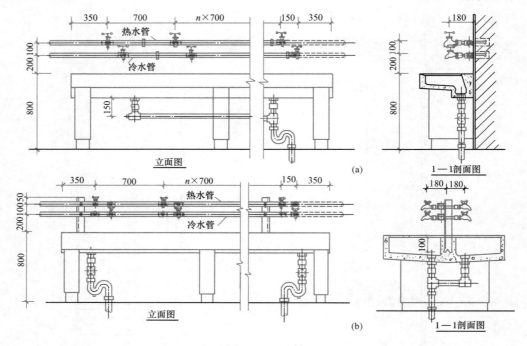

图 3-5　盥洗槽

（a）单面盥洗槽；（b）双面盥洗槽

　　浴盆设在住宅、宾馆、旅馆、医院等建筑物的卫生间内，设有冷、热水龙头或混合龙头以及固定的莲蓬头或软管莲蓬头，如图 3-6 所示。

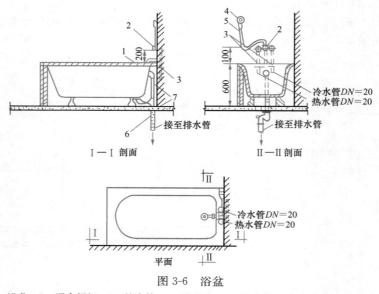

图 3-6　浴盆

1—浴盆；2—混合阀门；3—给水管；4—莲蓬头；5—蛇皮管；6—存水弯；7—溢水管

淋浴器占地少、造价低、清洁卫生，因此在工厂生活间及集体宿舍等公共浴室中被广泛采用。淋浴室的墙壁和地面需用易于清洗和不透水材料如水磨石或水泥建造。图 3-7 为淋浴器安装图。

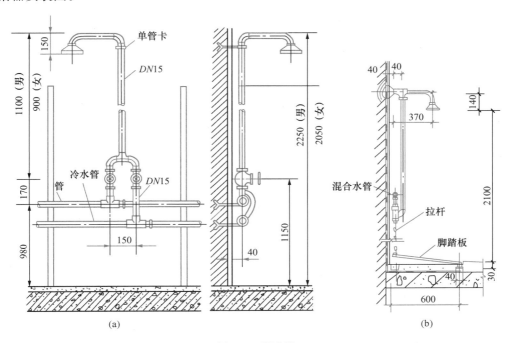

图 3-7 淋浴器
（a）双管双门手调式；（b）单管单门脚踏式

妇女净身盆是专供妇女洗濯下身用的卫生器具，一般设置在工厂女工卫生间、妇产科医院及设备完善的居住建筑或宾馆卫生间内，见图 3-8。

（三）洗涤用卫生器具

洗涤用卫生器具主要有污水盆、洗涤盆、化验盆等。通常污水盆装置在公共建筑的厕所、卫生间及集体宿舍盥洗室中，供打扫厕所、洗涤拖布及倾倒污水之用；洗涤盆装置在居住建筑、食堂及饭店的厨房内供洗涤碗碟及菜蔬食物之用。污水盆及洗涤盆安装见图 3-9、图 3-10。

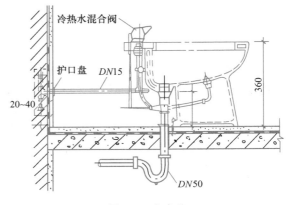

图 3-8 净身盆

二、排水管材

建筑内部排水管道应采用建筑排水塑料管及管件或柔性接口机制排水铸铁管及相应管件。当连续排水温度大于 40℃ 时，应采用金属排水管或耐热塑料排水管；压力排水管道可采用耐压塑料管、金属管或钢塑复合管。在选择排水管道管材时，应综合考虑建筑物的使用性质、建筑高度、抗震要求、防火要求及当地的管材供应条件等。

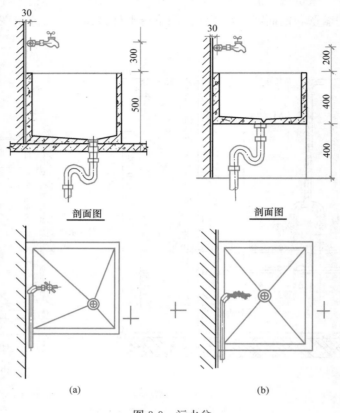

图 3-9 污水盆

（a）落地式；（b）挂墙式

排水铸铁管有刚性接口和柔性接口两种，建筑内部排水管道应采用柔性接口机制排水铸铁管，以适应建筑楼层间变位导致的轴向位移和横向曲挠变形，防止管道裂缝、折断。

目前建筑内部广泛使用的排水塑料管是硬聚氯乙烯塑料管（简称 U-PVC 管）。具有重量轻、不结垢、不腐蚀、外壁光滑、容易切割、便于安装、可制成各种颜色、投资省和节能的优点。但塑料管也有强度低、耐温性差（使用温度为－5～＋50℃）、立管噪声大、暴露于阳光下的管道易老化、防火性能差等缺点。排水塑料管有普通排水塑料管、芯层发泡排水塑料管、拉毛排水塑料管和螺旋消声排水塑料管等多种。

三、排水附件

（一）存水弯

存水弯是设在卫生器具排水支管上或卫生器具内部的有一定高度的水柱，存水弯内一定高度的水柱称为水封，用来防止排水管道系统中的气体窜入室内。存水弯按构造不同分为管式存水弯和瓶式存水弯。管式存水弯是利用排水管道几何形状的变化形成的存水弯，有 S 形、P 形和 U 形三种类型，如图 3-11 所示。S 形存水弯适用于排水横支管距卫生器具出水口较远，器具排水管与排水横管垂直连接的情况；P 形存水弯适用于排水横支管距卫生器具出水口较近位置的连接；U 形存水弯适用于水平横干管，为防止污物沉积，在

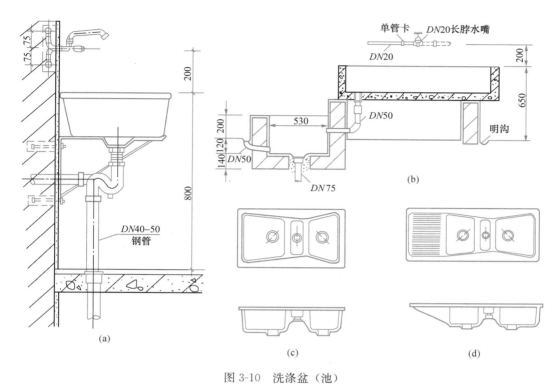

图 3-10　洗涤盆（池）

（a）单格陶瓷洗涤盆；（b）双格洗涤池；（c）双格不锈钢洗涤盆；（d）双格不锈钢带搁板洗涤盆

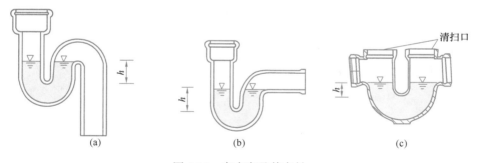

图 3-11　存水弯及其水封

（a）S 形；（b）P 形；（c）U 形

U 形存水弯两侧设置清扫口。瓶式存水弯本身也是由管体组成，但排水管不连续，其特点是易于清通，外形较美观，一般用于洗脸盆或洗涤盆等卫生器具的排出管上。

　　当构造内无存水弯的卫生器具、设备或排水沟的排水口与生活排水管道连接时，必须在排水以下设存水弯，水封装置的水封深度不得小于 50mm，卫生器具排水管段上不得重复设置水封。室内生活废水排水沟与室外生活污水管道连接处应设水封装置。

　　医疗卫生建筑内门诊、病房、化验室、试验室等场所非同一房间内的卫生器具不得共用存水弯。

　　（二）地漏

　　地漏是用来排除地面水的特殊排水装置，设置在容易溅水的卫生器具（如浴盆、洗脸盆、小便器、洗涤盆等）附近的地面上，或是需要排除地面积水的场所（如淋浴间、水泵房），以及地面需要清洗的场所（如食堂、餐厅），也可以用作住宅建筑中的洗衣机排水口。地漏应设置在卫生器具附近地面的最低处，地漏的顶面标高应低于地面5~10mm，带水封的地漏水封深度不得小于50mm。严禁采用钟罩式结构地漏及采用活动机械活瓣替代水封。

地漏的选择应根据使用场所、功能选用：（1）食堂、厨房和公共浴室等排水宜设置网筐式地漏；（2）不经常排水的场所设置地漏时，应采用密闭地漏；（3）事故排水地漏不宜设水封，连接地漏的排水管道应采用间接排水；（4）设备排水应采用直通式地漏；（5）地下车库如有消防排水时，宜设置大流量专用地漏；（6）淋浴室地漏的管径，可按表3-1确定。当采用排水沟时，8个淋浴器可设置1个直径100mm的地漏。

（三）清通设备

清扫口是装在排水横管上，用于清扫排水横管的附件，也可用带清扫口的弯头配件或在排水管起点设置堵头来代替。清扫口一般设置在楼板或地坪上，与地面相平。通常设置在连接2个及2个以上的大便器或3个及3个以上卫生器具的铸铁排水横管上，以及连接4个及4个以上的大便器的塑料排水横管上。当排水立管底部

淋浴室地漏管径 表 3-1

地漏管径（mm）	淋浴器数量（个）
50	1~2
75	3
100	4~5

或排出管上的清扫口至室外检查井中心的距离较长时，应在排出管上设清扫口。

检查口是装设在排水立管上带有可开启封盖的附件。排水立管上连接排水横支管的楼层应设检查口，且在建筑物底层必须设置；当立管水平拐弯或有乙字管时，在该层立管拐弯处和乙字管的上部应设检查口；检查口中心高度距操作地面宜为1.0m，并应高于该层卫生器具上边缘0.15m；当排水立管设有H管件时，检查口应设置在H管件的上边；当地下室立管上设置检查口时，检查口应设置在立管底部之上；立管上检查口的检查盖应面向便于检查清扫的方向。

第三节　排水管道系统中水气流动规律

建筑内部排水管中存在着水、气、固三种流动介质的复杂运动，由于固体物较少，可以简化为水—气两相流。系统的设计流态是按重力非满流设计的。建筑内部排水系统具有水量、气压变化幅度大、流速变化剧烈和事故危害大的流动特点。

一、水封的作用及其破坏原因

水封是设在卫生器具排水口以下的、具有一定高度的水柱，用来抵抗排水管内气压变化，防止排水管系统中气体窜入室内。水封高度 h 一般为50~100mm，与管内气压变化、水蒸发率、水量损失、水中固体杂质的含量及比重有关。

因静态和动态原因造成存水弯内水封高度减少，不足以抵抗管道内允许的压力变化时（一般为±25mmH₂O），管道内气体进入室内的现象叫水封破坏。水封水量损失主要是由于：（1）自虹吸损失：卫生设备在瞬时大量排水的情况下，该存水弯内形成虹吸，排水结束后，存水弯的水封高度低于原有的设计高度。（2）诱导虹吸损失：当管道系统内其他卫

生器具大量排水时，系统内压力发生变化，使存水弯内的水上下振动，引起水量损失。水量损失与存水弯的形状和系统内允许的压力波动值 P 有关。（3）静态损失：因卫生器具较长时间不使用，由于蒸发和毛细作用造成的水量损失。水量损失与室内温度、湿度及卫生器具使用情况有关。

二、横干管内水流状态

与室外排水管道相比，建筑内部排水系统所接纳的排水点少，排水时间短，具有断续的非均匀流特点。水流在立管内下落过程中会挟带大量空气一起向下运动，进入横干管后变成横向流动，其能量、流动状态、管内压力及排水能力均发生变化。

竖直下落的大量污水进入横干管后，管内水位骤然上升，以至于充满整个管道断面，使水流中挟带的气体不能自由流动，短时间内横管中压力突然增加。横管中的水流状态可分为急流段、水跃及跃后段、逐渐衰减段，见图 3-12。急流段水流

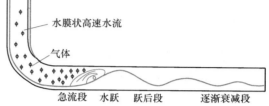

图 3-12　横管内水流状态示意图

速度大，水深较浅，冲刷能力强。急流段末端由于管壁阻力使流速减小，水深增加形成水跃。在水流继续向前运动的过程中，由于管壁阻力，能量逐渐减小，水深逐渐减小，趋于均匀流。

三、立管中水流状态

排水立管上接各层的排水横支管，下接横干管或排出管，立管内水流呈竖直下落流动状态，水流能量转换和管内压力变化很剧烈。水流在下落过程中会挟带管内气体一起流动，因此，立管中为水气两相流，水中有气团，气中有水滴，气水两相的界限不十分明显。

随着立管中排水流量的不断增加，立管中水流状态主要经过附壁螺旋流、水膜流和水塞流三个阶段：

1. 附壁螺旋流

当横支管排水量较小时，横支管的水深较浅，水平流速较小。因排水立管内壁粗糙，固（管道内壁）液（污水）两相间的界面力大于液体分子间的内聚力，进入立管的水不能以水团形式脱离管壁在管中心坠落，而是沿管内壁周边向下作螺旋流动。因螺旋运动产生离心力，使水流密实，气液界面清晰，水流挟气作用不明显，立管中心气流正常，管内气压稳定。

随着排水量的增加，当水量足够覆盖立管的整个管壁时，水流改作附着于管壁向下流动。因排水量较小，管中心气流仍旧正常，气压较稳定。在设有专用通气立管的排水系统中，充水率 $\alpha < 1/4$ 时，立管内为附壁螺旋流。

2. 水膜流

当流量进一步增加，由于空气阻力和管壁摩擦力的共同作用，水流沿管壁作下落运动，形成有一定厚度的带有横向隔膜的附壁环状水膜流。附壁环状水膜流与横向隔膜的运动方式不同，环状水膜形成后比较稳定，向下作加速运动，水膜厚度近似与下降速度成正比。随着水流下降流速的增加，水膜所受管壁摩擦力也随之增加。当水膜所受向上的摩擦

力与重力达到平衡时，水膜的下降速度和水膜厚度不再变化，这时的流速叫终限流速（v_t），从排水横支管水流入口至终限流速形成处的高度叫终限长度（L_t）。

横向隔膜不稳定，在向下运动过程中，隔膜下部管内压力不断增加，压力达到一定值时，管内气体将横向隔膜冲破，管内气压又恢复正常。在继续下降的过程中，又形成新的横向隔膜，横向隔膜的形成与破坏交替进行。由于水膜流时排水量不是很大，形成的横向隔膜厚度较薄，横向隔膜破坏的压力小于水封破坏的控制压力。在水膜流阶段，立管内的充水率在 1/4～1/3 之间，立管内气压有波动，但不会破坏水封。

3. 水塞流

随着排水量继续增加，充水率超过 1/3 后，横向隔膜的形成与破坏越来越频繁，水膜厚度不断增加，隔膜下部的压力不能冲破水膜，最后形成较稳定的水塞。水塞向下运动，管内气体压力波动剧烈，水封破坏，整个排水系统不能正常使用。

综合考虑安全因素和经济因素，各国都选用水膜流作为设计排水立管的依据。

第四节 通 气 管

建筑排水系统中通气管的作用在于：①保持排水系统内的气压与大气压力取得平衡，防止存水弯内的水封破坏；②使系统排水畅通，水流条件好；③使排水管道内的气体与室外大气进行对流，防止室内管道系统积聚有害气体而损伤养护人员、发生火灾和管道腐蚀现象；④减少排水系统的噪声。

通气管道系统包括通气支管（有环形通气管和器具通气管两类）、通气立管、结合通气管和汇合通气管。

一、单立管系统

（1）有伸顶通气管的普通单立管排水系统：排水立管穿出屋面与大气连通，适用于一般多层建筑，如图 3-13（a）所示。

生活排水管和散发有害气体的生产污水管道的立管顶端，均应设置伸顶通气管，其顶端应装设风帽或网罩。伸顶通气管的设置高度与周围环境、该地的气象条件、屋面使用情况有关，伸顶通气管应高出屋面不小于 0.3m，且应大于该地区最大积雪厚度；对经常有人停留的屋顶，伸顶通气管应高出屋面 2.0m 以上；若在通气管口周围 4m 以内有门窗时，通气管口应高出窗顶 0.6m 或引向无门窗一侧；通气管口不宜设在建筑物挑出部分（如屋檐檐口、阳台和雨篷等）的下面。伸顶通气管不允许或不可能单独伸出屋面时，可设置汇合通气管。

（2）特制配件单立管排水系统：在横支管与立管连接处设置了上部特制配件代替三通；在立管底部与横干管（或排出管）连接处设置下部特制配件代替弯头。在排水立管管径不变的情况下改善管内水流与通气状态，增大排水流量，如图 3-13（b）所示。适用于各类多层、高层建筑。

（3）特殊管材单立管排水系统：立管采用内壁有螺旋导流槽的塑料管，配套使用偏心三通，适用于各类多层、高层建筑。

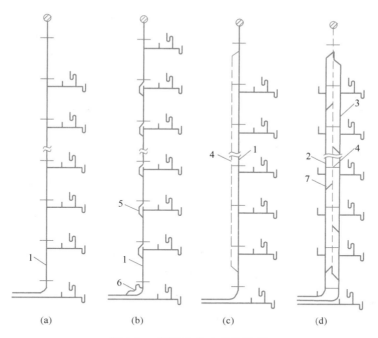

图 3-13　污废水排水系统类型

（a）普通单立管；（b）特制配件单立管；（c）双立管；（d）三立管

1—排水立管；2—废水立管；3—污水立管；4—通气立管；

5—上部特制配件；6—下部特制配件；7—结合通气管

二、双立管系统

双立管排水系统由 1 根排水立管和 1 根通气立管组成，通气立管与排水立管之间需设结合通气管（或称 H 管件），以使排水系统形成空气流通环路，如图 3-13（c）所示。通气立管的作用是利用排水立管与通气立管之间的气流交换加强排水立管中（尤其是下部）的通气能力。通气立管不得接纳污水、废水和雨水，不得与风道和烟道连接。

生活排水管道系统应根据排水系统的类型，管道布置、长度，卫生器设置数量等因素设置通气管。当生活排水立管所承担的卫生器具排水设计流量超过表 3-2 中仅设伸顶通气管的排水立管最大排水能力时，应设专用通气立。当底层生活排水管道单独排出且符合下列条件时，可不设通气管：①住宅排水管以户排出时；②公共建筑无通气的底层生活排水支管单独排出的最大卫生器具数量符合表 3-3 规定时；③排水横管长度不应大于 12m。

生活排水立管最大设计排水能力　　　　　　　　表 3-2

排水立管系统类型		最大设计排水能力（L/s）		
		排水立管管径（mm）		
		75	100（110）	150（160）
伸顶通气	厨房	1.00	4.0	6.40
	卫生间	2.00		

续表

排水立管系统类型			最大设计排水能力（L/s）		
			排水立管管径（mm）		
			75	100 (110)	150 (160)
专用通气	专用通气管 75mm	结合通气管每层连接	—	6.30	—
		结合通气管隔层连接		5.20	
	专用通气管 100mm	结合通气管每层连接		10.00	
		结合通气管隔层连接		8.00	
	主通气立管＋环形通气管				
自循环通气	专用通气形式			4.40	
	环形通气形式			5.90	

公共建筑无通气的底层生活排水支管单独排出的最大卫生器具数量　　表 3-3

排水横支管管径（mm）	卫生器具	数量
50	排水管径≤50mm	1
75	排水管径≤75mm	1
	排水管径≤50mm	3
100	大便器	5

注：1. 排水横支管连接地漏时，地漏可不计数量。

　　2. DN100 管道除连接大便器外，还可连接该卫生间配置的小便器及洗涤设备。

三、三立管系统

三立管排水系统由 3 根立管组成，分别为生活污水立管、生活废水立管和专用通气立管。2 根排水立管共用 1 根通气立管，如图 3-13（d）所示，适用于生活污水和生活废水分流制的各类多层、高层建筑。

四、环形通气管

环形通气管是连接排水横管与通气立管、用于加强排水横管内通气能力的通气管。环形通气管在横支管起端的两个卫生器具之间接出，连接点在横支管中心线以上，与横支管呈垂直或 45°连接。环形通气管应在最高层卫生器具上边缘 0.15m 或检查口以上，按不小于 0.01 的上升坡度敷设与通气立管连接。

与环形通气管连接的通气立管称为主通气管与副通气立管，如图 3-14（b）和（c）所示，建筑内各层的排水管道上设有环形通气管时，应设置连接各层环形通气管的主通气立管或副通气立管。

下列排水管段应设置环形通气管：

① 连接 4 个及 4 个以上卫生器具且横支管的长度大于 12m 的排水横支管；②连接 6 个及 6 个以上大便器的污水横支管；③设有器具通气管；④特殊单立管偏置时。

五、器具通气管

对卫生、安静要求较高的建筑物，生活排水管道宜设置器具通气管。器具通气管在卫生器具存水弯出口端接出。器具通气管应在最高层卫生器具上边缘 0.15m 或检查口以上，按不小于 0.01 的上升坡度敷设与通气立管连接。如图 3-14(d) 所示。

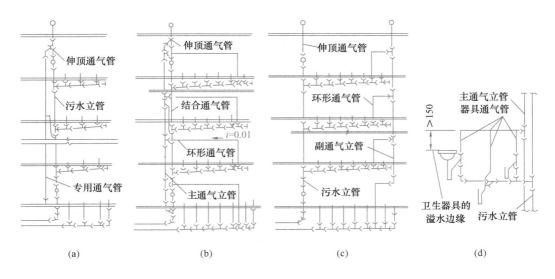

图 3-14　通气立管

（a）专用通气立管；（b）主通气立管与环形通气管；（c）副通气立管与环形通气管；
（d）主通气立管与器具通气管

六、结合通气管

通气立管与排水立管间需设结合通气管或 H 管件。结合通气管宜每层或隔层与专用通气立管、排水立管连接，与主通气立管连接；结合通气管下端宜在排水横支管以下与排水立管以斜三通连接，上端可在卫生器具上边缘 0.15m 处与通气立管以斜三通连接；当采用 H 管件替代结合通气管时，其下端宜在排水横支管以上与排水立管连接；当污水立管与废水立管合用一根通气立管时，结合通气管配件可隔层分别与污水立管和废水立管连接，通气立管底部分别以斜三通与污废水立管连接，如图 3-14(a) 和（b）所示。

第五节　排水管道布置与敷设的基本要求

建筑内部排水管道的布置与敷设应符合排水畅通，水力条件好；使用安全可靠，不影响室内环境卫生；施工安装，维护管理方便；总管线短，工程造价低；占地面积小；美观等设计要求。

一、排水畅通，水力条件好

排水管道系统应能将污废水以最短距离迅速排出室外，排水支管的长度及所连接的卫生器具数量应符合规范规定；立管宜靠近排水量大、水中杂质多的卫生器具；排出管尽量避免转弯，以最短距离排出室外。

排水管道应选用水力条件好的管件和连接方法。室内管道的连接应符合下列规定：卫生器具排水管与排水横支管垂直连接，宜采用 90°斜三通；横支管与立管连接，宜采用顺水三通或顺水四通和45°斜三通或45°斜四通；在特殊单立管系统中横支管与立管连接可采用特殊配件；排水立管与排出管端部的连接，宜采用2个45°弯头、弯曲半径不小于4倍管径的90°弯头或90°变径弯头；排水立管应避免在轴线偏置；当受条件限制时，宜用乙字管或两个45°弯头连接；当排水支管、排水立管接入横干管时，应在横干管管顶或其两侧45°范围内采用45°斜三通接入；横支管、横干管的管道变径处应管顶平接。

二、使用安全可靠，不影响室内环境卫生

布置排水管道时，应保证设置场所的正常工作和生活，不能由于排水管道漏水或结露产生的凝结水影响安全、卫生和环保。

排水管道不得敷设在食品和贵重商品仓库、通风小室、电气机房和电梯机房内；排水管、通气管不得穿越住户客厅、餐厅；排水管道不得穿越生活饮用水池（箱）上方及遇水会引起燃烧、爆炸的原料、产品和设备的上面；不得穿越食堂厨房和饮食业厨房的主副食操作、烹调和备餐的上方。

排水管道不得穿越卧室、客房、病房和宿舍等对安静要求较高人员的居住房间，不宜靠近与卧室相邻的内墙；排水管道不宜穿越橱窗、壁柜，不得穿越贮藏室。

排水立管最低排水横支管与立管连接处至排水立管管底垂直距离不得小于表3-4的规定；当排水支管连接在排出管或排水横干管上时，连接点距立管底部下游水平距离不得小于1.5m；当靠近排水立管底部的排水支管的连接不能满足前两项要求时及在距排水立管底部1.5m距离之内的排出管、排水横管有90°水平转弯管段时，底层排水横支管应单独排至室外检查井或采取有效的防反压措施。

最低排水横支管与立管连接处至排水立管管底的最小垂直距离　　　　　　表3-4

立管连接卫生器具的层数	垂直距离（m）	
	仅设伸顶通气	设通气立管
≤4	0.45	按配件最小安装尺寸确定
5～6	0.75	
7～12	1.20	
13～19	底层单独排出	0.75
≥20		1.20

对于某些卫生器具或容器的排水应采用间接排水的安全卫生措施，即设备或容器排出管与排水管道不直接连接，两者之间不但有水封隔断，还要求保持有一段空气间隔。下列构筑物和设备的排水管不得与污、废水管道系统直接连接，应采取间接排水的方式：（1）生活饮用水贮水箱（池）的泄水管和溢流管；（2）开水器、热水器排水；（3）非传染病医疗灭菌消毒设备的排水，传染病医疗消毒设备的排水应单独收集、处理；（4）蒸发式冷却器、空调设备冷凝水的排水；（5）贮存食品或饮料的冷藏库房的地面排水和冷风机溶霜水盘的排水。

设备间接排水宜排入邻近的洗涤盆、地漏。如不可能时，可设置排水明沟、排水漏斗或容器。间接排水的漏斗或容器不得产生溅水、溢流，并应布置在容易检查、清洁的位置。间接排水要求最小空气间隙应满足规范规定的数值。

建筑塑料排水管穿越楼层、防火墙、管道井井壁时，应根据建筑物的性质、管径和设置条件，以及穿越部件防火等级等要求设置阻火装置。

室内排水沟与室外排水管道连接处，应设水封装置，以防室外管道中有毒气体通过明沟窜入室内，污染室内环境。

三、保证排水管道不受损坏

为使排水系统安全可靠的使用，必须保证排水管道不会受到腐蚀、外力、热烤等破坏。管道不得穿过沉降缝、烟道、风道；管道穿过承重墙和基础时应预留孔洞；埋地管不得布置在可能受重物压坏处或穿越生产设备基础；湿陷性黄土地区横干管应设在地沟内；排水立管应采用柔性接口。

塑料排水管道应远离温度高的设备和装置。塑料排水管道不宜布置在热源附近；当不能避免，并导致管道表面温度大于 60℃时，应采用隔热措施。塑料排水立管与家用灶具边缘净距不得小于 0.4m。

塑料排水立管应避免布置在易受机械撞击处，如不能避免时，应采取保护措施。塑料排水管道应在汇合配件处（如三通）设置伸缩节，可使横支管或器具排水管不会因为立管或横支管的伸缩而产生错向位移，配件处的剪应力很小，而且排水横管应设置专用伸缩节，以保证排水管道长时期运行。

四、方便施工安装和维护管理

排水管道宜地下埋设或在地面上、楼板下明设，如建筑有要求时，可在管槽、管道井、管窿、管沟或吊顶内暗设，但应便于安装和检修。在气温较高、全年不结冻的地区，可沿建筑物外墙敷设。为便于维护管理，排水立管宜靠近外墙，以减少埋地横干管的长度。应按规范规定设置检查口或清扫口。

对于废水中含有大量的悬浮物或沉淀物、管道需要经常冲洗、排水支管较多、排水点的位置不固定的公共餐饮业的厨房、公共浴池、洗衣房、生产车间，可以用排水沟代替排水管。采用排水沟排水时，如果废水中挟带纤维或大块物体，应在排水沟与排水管道连接处设置格栅或带网筐地漏。

第六节　排水管道设计流量及水力计算

一、排水定额及卫生器具排水当量

建筑内部的排水定额有两种：

（1）以每人每日为标准，每人每日排放的污水量和时变化系数与气候、建筑物内卫生设备完善程度有关。生活排水定额和小时变化系数以及生活排水平均时排水量和最大时排水量的计算与建筑内部生活给水系统相同，计算结果用于设计污水泵和化粪池等。

（2）以卫生器具为标准，用来计算建筑内部各个管段的排水流量。某管段的设计流量与其接纳的卫生器具类型、数量及使用频率有关。为了便于累加计算，以污水盆排水量 0.33L/s 为一个排水当量，将其他卫生器具的排水量与 0.33L/s 的比值作为该种卫生器具的排水当量。由于卫生器具排水具有突然、迅速、流量大的特点，所以，一个排水当量的排水流量是一个给水当量额定流量的 1.65 倍。各种卫生器具的排水流量和当量值见表 3-5。

卫生器具排水的流量、当量和排水管的管径　　　　　　　表 3-5

序号	卫生器具名称	卫生器具类型	排水流量（L/s）	排水当量	排水管管径（mm）
1	洗涤盆、污水盆（池）		0.33	1.00	50
2	餐厅、厨房洗菜盆（池）	单格洗涤盆（池）	0.67	2.00	50
		双格洗涤盆（池）	1.00	3.00	50
3	盥洗槽（每个水嘴）		0.33	1.00	50～75
4	洗手盆		0.10	0.30	32～50
5	洗脸盆		0.25	0.75	32～50
6	浴盆		1.00	3.00	50
7	淋浴器		0.15	0.45	50
8	大便器	冲洗水箱	1.50	4.50	100
		自闭式冲洗阀	1.20	3.60	100
9	医用倒便器		1.50	4.50	100
10	小便器	自闭式冲洗阀	0.10	0.30	40～50
		感应式冲洗阀	0.10	0.30	40～50
11	大便槽	≤4 个蹲位	2.50	7.50	100
		>4 个蹲位	3.00	9.00	150
12	小便槽（每米）	自动冲洗水箱	0.17	0.50	
13	化验盆（无塞）		0.20	0.60	40～50
14	净身器		0.10	0.30	40～50
15	饮水器		0.05	0.15	25～50
16	家用洗衣机		0.50	1.50	50

注：家用洗衣机下排水软管直径为 30mm，上排水软管内径为 19mm。

二、排水设计秒流量

为保证最大排水量能迅速、安全地排放，建筑内部排水管道的排水设计流量应为该管段的瞬时最大排水流量，称为排水设计秒流量，规范中有两种计算方法：平方根法和同时使用百分数法。

（1）住宅、宿舍（居室内设卫生间）、旅馆、宾馆、酒店式公寓、医院、疗养院、幼儿园、养老院、办公楼、商场、图书馆、书店、客运中心、航站楼、会展中心、中小学教学楼、食堂或营业餐厅等建筑，用水设备使用不集中，用水时间长。同时排水百分数随卫生器具数量增加而减少，生活排水管道设计秒流量应按下式计算：

$$q_p = 0.12\alpha\sqrt{N_p} + q_{max} \tag{3-1}$$

式中　q_p——计算管段排水设计秒流量（L/s）；

N_p——计算管段卫生器具排水当量总数；

q_{max}——计算管段上排水量最大的一个卫生器具的排水流量（L/s）；

α——根据建筑物用途而定的系数,住宅、宿舍(居室内设卫生间)、宾馆、酒店式公寓、医院、疗养院、幼儿园、养老院的卫生间 α 值取 1.5;旅馆和其他公共建筑的盥洗室和厕所间 α 值取 2.0~2.5。

计算排水管网起端的管段时,因连接的卫生器具较少,当计算结果有时会大于该管段上所有卫生器具排水流量的总和时,应将该管段所有卫生器具排水流量的累加值作为排水设计秒流量。

(2)宿舍(设公用盥洗卫生间)、工业企业生活间、公共浴室、洗衣房、职工食堂或营业餐厅的厨房、实验室、影剧院、体育场(馆)等建筑,卫生设备使用集中,同时排水百分数大,生活排水管道设计秒流量应按下式计算:

$$q_p = \sum_{i=1}^{m} q_{0i} n_{0i} b_i \tag{3-2}$$

式中 q_p——计算管段排水设计秒流量(L/s);

q_{0i}——第 i 种卫生器具一个卫生器具的排水流量(L/s);

n_{0i}——第 i 种卫生器具的个数;

b_i——第 i 种卫生器具同时排水百分数,冲洗水箱大便器按 12% 计算,其他卫生器具同给水;

m——计算管段上卫生器具的种类数。

当计算的排水流量小于一个大便器的排水流量时,应按一个大便器的排水流量作为该管段的排水设计秒流量。

三、排水管网系统的计算

排水管道水力计算的目的是确定各排水管段的管径和敷设坡度。

(一)排水横管的水力计算

计算公式如下:

$$q = \omega \cdot v \tag{3-3}$$

$$v = \frac{1}{n} R^{\frac{2}{3}} \cdot I^{\frac{1}{2}} \tag{3-4}$$

式中 q——排水设计流量(m³/s);

ω——水流断面积(m²);

v——流速(m/s);

R——水力半径(m);

I——水力坡度,即管道坡度;

n——管道的粗糙系数,铸铁管取 0.013;混凝土管、钢筋混凝土取 0.013~0.014;塑料管取 0.009;钢管取 0.012。

附录 3-1、附录 3-2 是按照公式(3-3)、(3-4)计算的排水塑料管、机制排水铸铁管的水力计算结果,设计时可根据排水设计秒流量直接查用。

为确保排水系统在良好的水力条件下工作,排水横管应满足以下的规定:

1. 管道最大设计充满度和最小设计坡度

管道充满度是指管道内水深 h 与管径 d 的比值。在重力流的排水管中,污水为非满流,管道上部未充满水流的空间用于排走污废水中的有害气体或容纳超负荷流量。排水管道的管径、最小坡度和最大计算充满度应满足表 3-6 、表 3-7 的规定。

建筑物内生活排水铸铁管道的最小坡度和最大设计充满度 表 3-6

管径（mm）	通用坡度	最小坡度	最大设计充满度
50	0.035	0.025	0.5
75	0.025	0.015	
100	0.020	0.012	
125	0.015	0.010	
150	0.010	0.007	0.6
200	0.008	0.005	

建筑排水塑料管排水横支管的标准坡度应为 0.026 ，排水横干管的坡度可按表 3-7 调整。

建筑排水塑料管排水横干管的最小坡度、通用坡度和最大设计充满度 表 3-7

外径（mm）	通用坡度	最小坡度	最大设计充满度
110	0.012	0.0040	0.5
125	0.010	0.0035	
160	0.007		
200	0.005	0.0030	0.6
250			
315			

2. 排水横管中管道流速

为使污水中的悬浮杂质不致沉淀在管底，并且使水流能及时冲刷管壁上的污物，管道流速有一个最小允许流速，见表 3-8。为防止管壁因受污水中坚硬杂质高速流动的摩擦和防止过大的水流冲击而损坏，排水管应有最大允许流速，见表 3-9。

排水管道的最小允许流速 表 3-8

管渠类别	生活污水管道			明渠	雨水道及合流制排水管道
	$d<150$ mm	$d=150$ mm	$d=200mm$	0.40	0.75
自清流速（m/s）	0.60	0.65	0.70		

排水管道最大允许流速值（m/s） 表 3-9

管道材料	生活污水	含有杂质的工业废水、雨水
金属管	7.0	10.0
陶土及陶瓷管	5.0	7.0
混凝土及石棉水泥管	4.0	7.0

3. 最小管径的规定

下列场所设置排水横管时，管径应符合以下要求：

公共食堂厨房排水管的选用管径应比计算管径大一号，且干管管径不小于 100mm，支管管径不小于 75mm。

医院洗涤盆和污水盆内往往有一些棉花球、纱布、玻璃碴和竹签等杂物，为防止管道堵塞，管径不小于 75mm。

小便槽和连接 3 个及 3 个以上小便器的排水支管管径不小于 75mm。大便器的排水管最小管径为 100mm。

公共浴池的泄水管不宜小于 100mm。

建筑物排出管的最小管径为 50mm。

（二）排水立管的水力计算

排水立管的通水能力与管径、通气与否、通气的方式和管材有关，立管管径不得小于所连接的横支管管径。不同管径、不同通气方式、不同管材的排水立管的最大排水流量按表 3-2 确定。且多层住宅厨房间的排水立管管径不宜小于 75mm。

（三）确定通气管管径

通气管的管径应根据排水能力、管道长度来确定，应与排水立管同径或小 1～2 号，但一般不宜小于排水管管径的 1/2，如表 3-10 所示。

通气管最小管径　　　　　　　　　　　　　　　表 3-10

通气管名称	排水管管径（mm）			
	50	75	100	150
器具通气管	32	—	50	—
环形通气管	32	40	50	—
通气立管	40	50	75	100

注：1. 表中通气立管系指专用通气立管、主通气立管、副通气立管。
　　2. 根据特殊单立管系统确定偏置辅助通气管管径。

伸顶通气管管径应与排水立管管径相同，但在最冷月平均气温低于 −13℃ 的地区，为防止伸顶通气管管口结霜，减小通气管断面，应在室内平顶或吊顶以下 0.3m 处将管径放大一级。

双立管排水系统中，当通气立管长度≤50m 时，通气立管最小管径可比排水管管径小 1 号；当通气立管长度大于 50m 时，通气立管管径应与排水立管相同。

通气立管长度不大于 50m 的三立管排水系统中，通气立管可比最大 1 根排水立管管径小 1 号，且通气立管的管径不小于其余任何一根排水立管管径。

结合通气管的管径确定应符合下列规定：通气立管伸顶时，其管径不宜小于与其连接的通气立管管径；自循环通气时，其管径宜小于与其连接的通气立管管径。

汇合通气管和总伸顶通气管的断面积应不小于最大 1 根通气立管断面积与 0.25 倍的其余通气立管断面积之和，可按下式计算：

$$d_e \geqslant \sqrt{d_{max}^2 + 0.25 \sum d_i^2}　　　　　　（3-5）$$

式中　d_e——汇合通气管和总伸顶通气管管径（mm）；

　　　d_{max}——最大一根通气立管管径（mm）；

　　　d_i——其余通气立管管径（mm）。

【**例3-1**】某24层饭店层高3m，排水系统采用污废水分流制，设专用通气立管，管材采用柔性接口机制铸铁排水管。卫生器具与管道的布置见图3-15，计算草图见图3-16。每根立管每层设洗脸盆、虹吸式坐便器和浴盆各2个，要求进行排水管道配管计算。

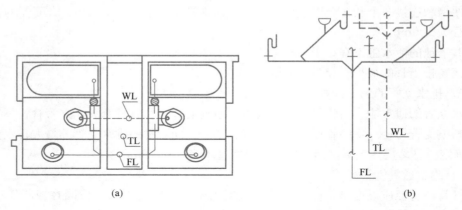

(a)   (b)

图3-15 卫生器具与管道的布置

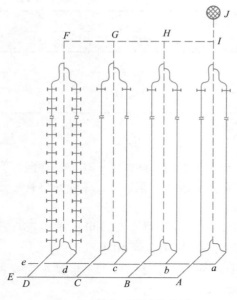

图3-16 排水系统计算草图

【**解**】1. 计算公式及参数

排水设计秒流量按公式（3-1）计算，其中：α 取1.5；生活污水系统 $q_{max}=1.5$L/s；生活废水系统 $q_{max}=1.0$L/s。

2. 支管

污水系统每层支管只连接一个大便器，支管管径取 $D=100$mm，采用标准坡度 $i=0.02$；

废水系统每层支管连接一个洗脸盆和一个浴盆，排水设计秒流量为：

$$q_p=0.12\times1.5\sqrt{3.75}+1.0=1.35\text{L/s}$$

由于该计算值大于洗脸盆和浴盆排水量之和1.00+0.25=1.25（L/s），故取 $q_p=1.25$ L/s，查附录3-2，确定管径为 $D=75$mm，采用标准坡度 $i=0.025$。

3. 立管

污水系统每根立管的排水设计秒流量为：

$$q_p=0.12\times1.5\sqrt{4.5\times2\times24}+1.5=4.15\text{L/s}$$

因有大便器，立管管径 $D=100$mm，查表3-2知：应设专用通气立管。

废水系统每根立管的排水设计秒流量为：

$$q_p=0.12\times1.5\sqrt{(3.75)\times2\times24}+1=3.41\text{L/s}$$

立管管径 $D=75$mm，与污水共用专用通气立管。

4. 排水横干管计算

计算各管段设计秒流量，查附录 3-2，选用通用坡度，计算结果见表 3-11。

排水横干管水力计算表 表 3-11

管段编号	卫生器具数量			当量总数 N_p	设计秒流量（L/s）	管径 DN（mm）	坡度 i
	坐便器 $N_p=4.5$	浴盆 $N_p=3$	洗脸盆 $N_p=0.75$				
A—B	48			216	4.15	125	0.015
B—C	96			432	5.24	125	0.015
C—D	144			648	6.08	150	0.010
D—E	192			864	6.79	150	0.010
a—b		48	48	180	3.41	100	0.020
b—c		96	96	360	4.41	125	0.015
c—d		144	144	540	5.18	125	0.015
d—e		192	192	720	5.83	125	0.015

5. 通气管计算

专用通气立管与生活污水和生活废水两根立管连接，生活污水立管管径为 100mm，该建筑 24 层，层高 3m，通气立管超过 50m，取通气立管管径与生活污水立管管径相同，为 100mm。

6. 汇合通气管及总伸顶通气管计算

FG 段汇合通气管负担只一根通气立管，其管径与通气立管相同，取 100mm，GH 段汇合通气管负担 2 根通气立管，按式（3-5）计算得：

$$D \geqslant \sqrt{100^2 + 0.25 \times 100^2} = 111.8 \text{mm}$$

GH 段汇合通气管管径取 125 mm。HI 段和总伸顶通气管 IJ 段分别负担 3 根和 4 根通气立管，经计算，管径分别为 125mm 和 150mm。

7. 结合通气管

结合通气管隔层分别与污水立管和废水立管连接，与污水立管连接的结合通气管径与污水立管相同，为 100mm；与废水立管连接的结合通气管径与废水立管相同，为 75mm。

第七节 污废水提升及局部污水处理

一、污废水提升

居住小区污水管道不能以重力自流排入市政下水道时应设置污水泵房。污水泵房应单独建设，应有卫生防护隔离带，应符合《室外排水设计标准》GB 50014—2021《城乡排水工程项目规范》GB 55027—2022 规定。污水泵的设计流量按小区最大小时生活排水流量确定。

当建筑物内地下室、人防建筑、消防电梯底部集水池的污废水，不能自流排至室外检查井时，必须提升排出。提升系统由集水池和污水泵组成，设计内容包括：污水泵选型、确定污水集水池容积、设计排水泵房。

（一）污水泵

建筑物内使用的污水泵有潜水排污泵、液下排水泵、立式污水泵和卧式污水泵等。潜水排污泵和液下排水泵在水面以下运行，无噪声和振动，泵体放置在集水池内，不占场地，自灌式吸水，所以应优先选用。

建筑物内的污水泵的设计流量应按生活排水设计秒流量选定；当有排水量调节时，可按生活排水最大小时流量选定。消防电梯集水池内的排水泵流量不小于 10L/s。居住小区污水泵的流量应按小区最大小时生活排水流量确定。排水泵的扬程按提升高度、管道水头损失之和，附加 0.02～0.03MPa 流出水头确定。排水泵吸水管和出水管流速宜为 0.7～2.0m/s。

设有两台及两台以上排水泵的地下室、设备机房、车库冲洗地面的排水系统时可不设备用泵。公共建筑内应以每个生活排水集水池为单元设置一台备用泵，平时交替运行。

污水泵应设置自动控制的启闭装置。不允许压力排水管与建筑内重力排水管合并排出。各污水泵宜单独设置排水管排出室外，当两台或两台以上的水泵共用 1 条出水管或单台水泵排水有可能产生倒灌时，应在每台水泵出水管上装设阀门和止回阀。排水横管应设有坡向出口的坡度。

（二）集水池

在地下室最低层卫生间和淋浴间的底板下或邻近处、地下泵房、地下车库、地下厨房和消防电梯井附近等场所，应设集水池。为防止生活饮用水受到污染，集水池与生活给水贮水池的距离应在 10m 以上。消防电梯集水池池底应低于电梯井底不小于 0.7m。

集水池有效容积不宜小于最大 1 台污水泵 5min 的出水量，且污水泵 1h 内启动次数不宜超过 6 次。生活排水调节池的有效容积不得大于 6h 生活排水平均小时流量。消防电梯井集水池的有效容积不应小于 2.0m³。

集水池设计尺寸应满足水泵布置、安装和检修的要求，最低设计水位应满足水泵吸水的要求，有效水深一般取 1～1.5m，超高取 0.3～0.5m。池底应坡向泵位，坡度不小于 0.05，宜在池底设冲洗管。

设置在室内地下室生活污水集水池，池盖应密封，且应设置在独立设备间内并设通风、通气管道系统。成品污水提升装置可设置在卫生间或敞开室间内，地面宜考虑排水措施。地下车库、泵房、空调机房等处的集水池，和地下车库坡道处的雨水集水井，可采用敞开式集水池（井），但应设强制通风装置。集水池应设置水位指示装置，必要时应设置超警戒水位报警装置，将信号引至物业管理中心。

污水泵、阀门、管道等应选择耐腐蚀、大流通量、不易堵塞的设备器材。

（三）污水泵房

污水泵房的位置应靠近集水池，并使污水泵出水管以最短距离排出室外。污水泵房应设在通风良好的地下室或底层单独的房间内，以控制和减少对环境的污染，并方便维修检测。对卫生环境有特殊要求的生产厂房和公共建筑内，以及有安静和防振要求房间的邻近和下部不得设置污水泵房。

二、局部污水处理

（一）污废水排入市政排水管道的排放条件

直接排入城市排水管网的污水应符合下列要求，否则应采取局部处理技术措施：

（1）污水温度不应高于 40℃，以防水温过高会引起管道接头破坏；

（2）污水基本上呈中性（pH 值为 6～9），以防酸碱污水对管道有侵蚀作用，且会影响污水的进一步处理；

（3）污水中不应含有大量的固体杂质，以免在管道中沉淀而阻塞管道；

（4）污水中不允许含有大量汽油或油脂等易燃易挥发液体，以免在管道中产生易燃、爆炸和有毒气体；

（5）污水中不能含有毒物，以免伤害管道养护工作人员和影响污水的利用、处理和排放；

（6）对含有伤寒、痢疾、炭疽、结核、肝炎等病原体的污水，必须严格消毒；

（7）对含有放射性物质的污水，应严格按照国家有关规定执行，以免危害农作物、污染环境和危害人民身体健康。

（二）化粪池

化粪池的作用是使粪便沉淀并厌氧发酵腐化，去除生活污水中悬浮性有机物。污水进入化粪池经过 12～24h 的沉淀，可去除 50％～60％ 的悬浮物，污水在上部停留一定时间后排走；沉淀下来的污泥经过 3 个月以上的厌氧消化，使污泥中的有机物分解成稳定的无机物，易腐败的生污泥转化为稳定的熟污泥，改变了污泥的结构，降低了污泥的含水率。定期将污泥清掏外运，填埋或用作肥料。

化粪池具有结构简单、便于管理、不消耗动力和造价低的优点，但是有机物去除率仅为 20％ 左右；沉淀和厌氧消化在一个池内进行，污水与污泥接触，使化粪池出水呈酸性，有恶臭。另外，化粪池距建筑物较近，清掏污泥时臭气扩散，影响环境卫生。对于没有污水处理厂的城镇、远离城镇的新建居住小区以及污水无法排入城镇污水管道的情况，应结合当地具体情况进行技术经济比较后，按当地有关规定确定是否采用化粪池处理设施。

化粪池多设置在居住小区内建筑物背面靠近卫生间的地方，因在清理、掏粪时不卫生、有臭气，不宜设在人们经常停留活动之处，但应考虑便于机动车清掏。化粪池池壁距建筑物外墙不宜小于 5m，且不得影响建筑物基础。因化粪池出水处理不彻底，含有大量细菌，为防止污染水源，化粪池距离地下水取水构筑物不得小于 30m。池壁、池底应防止渗漏。

化粪池有矩形和圆形两种形式。化粪池的长度与深度、宽度的比例应按污水中悬浮物的沉降条件和积存数量，经水力计算确定。为了改善处理条件，较大的化粪池往往用带孔的间壁分为 2～3 隔间。双格化粪池第一格的容量宜为计算总容量的 75％；三格化粪池第一格的容量宜为总容量的 60％，第二格和第三格各宜为总容量的 20％，如图 3-17 所示。

化粪池总容积由有效容积 V 和保护层容积 V_0 组成，保护层高度一般为 250～450mm。有效容积由污水所占容积 V_1 和污泥所占容积 V_2 组成，由化粪池使用人数、排水量、污水在化粪池中的停留时间、污泥清掏周期等因素经计算确定，一般多直接查用标准图选择。

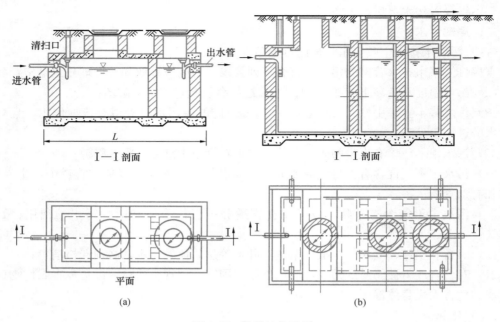

图 3-17　化粪池构造图

（a）双格化粪池；（b）三格化粪池

（三）隔油池

厨房洗涤水中含油量约为 750mg/L。含油量过大的污水进入排水管道后，污水中挟带的油脂颗粒由于水温下降而凝固，粘附在管壁上，使管道过水断面减小，容易堵塞管道。所以，职工食堂、营业餐厅、厨房洗涤废水，以及肉类、食品加工的污水，在排入城市排水管网前，应采用隔油池去除其中的可浮油（占总含油量的 65%～70%）。

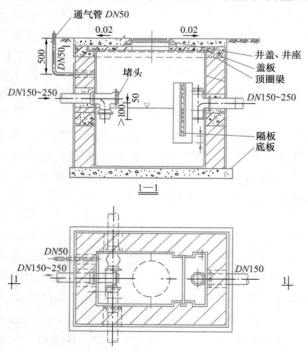

图 3-18　隔油池

汽车洗车台、汽车库及其他场所排放的含有汽油、煤油、柴油等矿物油的污水，进入管道后挥发并聚集于检查井，达到一定浓度后会引起爆炸、火灾，所以，应设隔油池进行处理。

图 3-18 为隔油池构造图，除油作用原理为：含油污水进入隔油池后，由于过水断面增大，水平流速减小，污水中密度小的可浮油自然上浮至水面，收集后去除。

（四）降温池

温度高于 40℃的排水，应首先

考虑热量回收利用，如不可能或回收不合理时，在排入城镇排水管道之前应设降温池。

降温池降温方法主要有：二次蒸发、水面散热和加冷水降温。比如，当锅炉排出的污水由锅炉内的工作压力骤然减到大气压力时，一部分热污水气化蒸发（二次蒸发），减少了排污水量和所带热量，再将冷却水加入与剩余的热污水混合，使污水温度降到40℃后排放。规范中推荐采用较高温度排水与冷水在池内混合的方法，降温采用的冷却水应尽量利用低温废水。所需冷却水量应按热平衡原理计算。

降温池容积计算与废水排放形式有关：废水间断排放时，降温池有效容积按一次最大排水量与所需冷却水量的总和计算；废水连续排放时，应保证废水与冷却水能够充分混合。

降温池应设于室外。如设在室内，水池应密闭，并设置密封人孔和通向室外的通气管。

降温池有虹吸式和隔板式两种类型，虹吸式适用于主要靠自来水冷却降温；隔板式常用于由冷却废水降温的情况。

（五）医院污水处理

1. 污水水量与水质

医院污水包括住院病房排水和门诊、化验部制剂、厨房、洗衣房等排水。医院污水排水量按病床床位计算，日平均排水量标准和小时变化系数与医院的性质、规模、医疗设备完善程度有关，见表3-12。

医院污水排水量标准和小时变化系数　　　　　　　　　　表3-12

医院类型	病床床位	平均日污水量 [L/(床.d)]	时变化系数 K
设备齐全的大型医院	>300	400～600	2.0～2.2
一般设备的中型医院	100～300	300～400	2.2～2.5
小型医院	<100	250～300	2.5

医院污水的水质与每张病床每日排放的污染物量有关，应实测确定。无实测资料时，每张病床每日污染物排放量可按 BOD_5 为 60g/(床·d)，COD 为 100～150g/(床·d)，SS 为 50～100g/(床·d) 选用。

2. 处理工艺流程

医院污水处理流程应根据污水性质和排放条件决定。当排放到有集中污水处理厂的城市下水道时，宜采用一级处理；当排放到地面水域时，应采用二级处理。

医院污水一级处理主要去除漂浮物和悬浮物，主要构筑物有化粪池、调节池等。一级处理工艺流程简单，运转费用和基建投资少，可以去除50%～60%的悬浮物，有机物（BOD_5）仅去除20%左右，在后续消毒过程中，消毒剂耗费多，接触时间长。

医院污水二级处理的有机物去除率在90%以上，常采用的工艺流程见图3-19。经二级处理后的医院污水，消毒剂用量仅为一级处理的40%，而且消毒彻底。

3. 消毒

医院污水必须进行消毒处理。处理后的水质，应符合现行的《医疗机构污水排放要

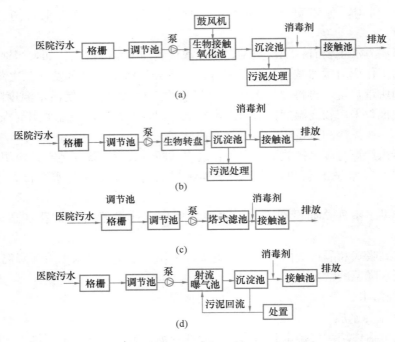

图 3-19　医院污水二级处理工艺流程图

求》的要求。经消毒后的医院污水，不允许排入生活饮用水的集中取水点上游 1000m 和下游 100m 的水体范围内；如排入娱乐和体育用水水体、渔业用水水体时，还应符合有关标准要求。

医院污水消毒方法主要有氯化法和臭氧法。氯化法按消毒剂又分为液氯、商品次氯酸钠、现场制备次氯酸钠、二氧化氯、漂粉精或三氯异尿酸。消毒方法和消毒剂的选择应根据污水量、污水水质、受纳水体对排放污水的要求及投资、运行费用、药剂供应、处理站离病房和居民区的距离、操作管理水平等因素，经技术经济比较后确定。

医院污水处理过程中产生的污泥中含有大量的病原体，宜由城市环卫部门集中处置。否则也必须经过有效的消毒处理。有加氯法、高温堆肥法、石灰消化法和加热法，也可用干化和焚烧法处理。

第八节　屋面雨水排水系统设计及计算

一、屋面雨水系统的分类与组成

降落在建筑物屋面的雨水和融化雪水，应及时排至室外雨水管道或地面，以免造成屋面积水、漏水。屋面雨水的排除方式可分为外排水和内排水两种，应根据建筑结构形式、气候条件及生产使用要求选用，在技术经济合理的情况下，应尽量采用外排水。

（一）檐沟外排水（落水管外排水）

对一般的居住建筑、屋面面积较小的公共建筑及单跨的工业建筑，多采用檐沟外排水。檐沟外排水系统由檐沟、雨水斗及立管（落水管）组成。雨水由檐沟汇集后，流入外

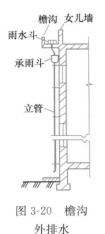

图 3-20 檐沟外排水

墙的水落管，排至地面或明沟内，见图 3-20。落水管多用排水塑料管、镀锌钢板或排水铸铁管制成。截面形状为矩形或半圆形，其断面尺寸约为 100mm×80mm 或 120mm×80mm，管径为 100mm 或 150mm。也有采用石棉水泥管的，但其距地面 1m 的下部应考虑保护措施（多有水泥砂浆抹面）。落水管的间距一般采用：民用建筑约 12～16m；工业建筑约 18～24m。

（二）长天沟外排水

多跨厂房常采用长天沟外排水的方式。天沟外排水系统由天沟、雨水斗、排水立管及排出管组成，如图 3-21 所示。这种排水方式的优点是可消除厂房内部检查井冒水的问题，且节约投资、节省金属、施工简便（不需搭架安装悬吊管道等）等。但若设计不妥或施工质量不佳，会发生天沟渗漏的问题。

（三）内排水系统

内排水系统由雨水斗、连接管、悬吊管、立管、排出管及清通设备等组成，适用于跨度大、特别长的多跨建筑；大屋面建筑及寒冷地区的建筑；在屋面设天沟有困难的特殊屋面造型的建筑；屋面有天窗的建筑；建筑立面要求美观的建筑；在墙外设雨水立管有困难时。

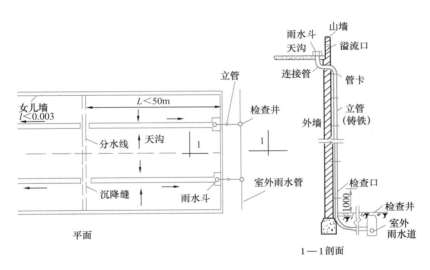

图 3-21 天沟外排水

按每根立管接纳的雨水斗的个数，分为单斗和多斗雨水排水系统。单斗系统是指 1 根悬吊管或立管接纳 1 个雨水斗，一般不设悬吊管；多斗系统是指 1 根悬吊管上连接 2 个或 2 个以上雨水斗。

按雨水排至室外的方法分为架空管排水系统和埋地管排水系统。架空管排水系统将雨水通过架空管道系统直接引到室外排水管（渠）中，室内不设埋地管，可以避免室内冒水。架空管道需用的金属管材多，易产生凝结水，管系内不能排入生产废水；埋地管排水系统是通过架空管、立管将雨水接入室内埋地管排至室外。

二、雨水管系中流体的流动状态

屋面雨水进入雨水斗时，会挟带一部分空气进入雨水管道，所以，雨水管道中是水、气两相流。雨水从雨水斗到室外雨水井或地面的过程中无能量输入，所以为重力流动。进入雨水管道系统的空气量直接影响管道内的压力波动和水流状态，随着雨水斗斗前的水面深度 h 的不断增加，管道中会出现重力无压流、重力半有压流和压力流（虹吸流）三种流态。

建筑屋面雨水管道设计流态宜符合下列状态：

（1）檐沟外排水宜按重力流系统设计。

（2）高层建筑屋面雨水排水宜按重力流系统设计。

（3）长天沟外排水宜按满管压力流设计。

（4）工业厂房、库房、公共建筑的大型屋面雨水排水宜按满管压力流设计。

（5）在风沙大、粉尘大、降雨量小地区不宜采用满管压力流排水系统。

三、设计雨水量

雨水量是屋面雨水排水系统的设计计算依据，与当地暴雨强度 q、汇水面积 F 和径流系数 ψ 有关。雨水量按下式计算：

$$Q_y = \frac{\psi F q}{10000} \tag{3-6}$$

式中　Q_y——设计雨水流量（L/s），当坡度大于 2.5% 的斜屋面或采用内檐沟集水时，设计雨水流量应乘以系数 1.5；

F——设计汇水面积（m^2）；

q——设计降雨强度 [L/(s·hm^2)]，$1hm^2 = 10000m^2$；

ψ——径流系数，屋面径流系数一般取 $\psi = 0.9$，各种地面径流系数见规范规定。

（一）设计暴雨强度 q

设计降雨强度应按当地或相邻地区暴雨强度公式计算确定。确定暴雨强度公式时需要确定设计重现期 P 和降雨历时 t 两个参数：

1. 降雨历时 t

由于屋面面积较小，屋面集水时间也较短。因为我国推导暴雨强度公式所需实测降雨资料的最小时段为 5min，所以，屋面雨水管道设计降雨历时按 5min 计算。

2. 设计重现期 P

屋面雨水排水管道的设计重现期应根据建筑物的重要程度、汇水区域性质、地形特点、气象特征等因素确定：一般性建筑物取 5 年；重要公共建筑物取不小于 10 年；工业建筑根据生产工艺和建筑物而定。

3. 小时降雨厚度 h_5

屋面雨水量也可按以下公式计算：

$$Q_y = \frac{\psi F h_5}{3600} (L/s) \tag{3-7}$$

式中　h_5——当地降雨历时为 5min 时的小时降雨厚度（mm/h）。

其他符号同公式（3-6）。

h_5 与 q_5 的关系式为：

$$h_5 = 0.36q_5 \tag{3-8}$$

（二）汇水面积 F

雨水汇水面积应按屋面、地面的水平投影面积计算。

高出屋面的侧墙，考虑到大风作用下雨水倾斜降落的影响，应附加最大受雨面正投影的 1/2 作为有效汇水面积计算。

窗井、贴近高层建筑外墙的地下汽车库出入口坡道的雨水汇水面积应附加其高出部分侧墙面积的 1/2。

高层建筑裙房屋面的雨水汇水面积应附加其高出部分侧墙面积的 1/2。

【例 3-2】图 3-22 为一栋建筑的屋面水平投影，左部分屋面的雨水汇水面积为多少？

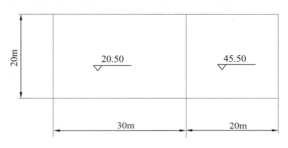

图 3-22 建筑的屋面水平投影

【解】$F = 30 \times 20 + 1/2 \times (25 \times 20) = 850 \mathrm{m}^2$

则左部分屋面的雨水汇水面积为 $850 \mathrm{m}^2$。

四、雨水外排水系统的设计及计算

1. 檐沟外排水系统的设计计算

檐沟外排水系统宜按重力无压流系统设计。计算步骤为：

（1）根据屋面坡度和建筑物立面要求布置落水管，间距 8～12m；

（2）计算每根落水管的汇水面积；

（3）求每根落水管的泄水量，确定落水管管径。

2. 天沟外排水系统设计计算

天沟的设计计算有两种情况：

（1）已知天沟的长度、形状、几何尺寸、坡度、材料和汇水面积，校核是否满足重现期的要求。设计计算步骤为：

1）根据已知条件计算过水断面积 ω；

2）按明渠均匀流公式计算天沟水流流速 v：

$$v = \frac{1}{n} R^{\frac{2}{3}} I^{\frac{1}{2}} \tag{3-9}$$

式中　v——流速（m/s）；

　　　n——天沟粗糙度系数，与天沟材料及施工情况有关，见表 3-13；

　　　I——天沟坡度，不小于 0.003；

　　　R——天沟水力半径（m）。

各种抹面天沟粗糙度系数 　　　　　　　　表 3-13

天沟壁面材料	粗糙度系数 n	天沟壁面材料	粗糙度系数 n
水泥砂浆光滑抹面	0.011	喷浆护面	0.016～0.021
普通水泥砂浆抹面	0.012～0013	不整齐表面	0.020
无抹面	0.014～0.017	豆砂沥青玛瑞脂表面	0.025

3）计算天沟允许通过的流量 Q，按下式计算：

$$Q = \omega v \tag{3-10}$$

式中　Q——天沟排水流量（m^3/s）；

　　　v——流速（m/s）；

　　　ω——天沟过水断面积（m^2）。

4）计算汇水面积 F；并由 $Q_y = \dfrac{\phi F q_5}{10000}$ 反求出 5min 的暴雨强度 q_5；

5）根据暴雨强度 q_5 校核重现期 P：若该计算值不小于规范规定的设计重现期 $P_设$，则说明天沟尺寸能够满足屋面雨水排水的要求，确定立管管径即可；若该计算值＜设计重现期 $P_设$，则需增大天沟尺寸（增大过水断面积），重新计算，再次校核重现期。

（2）已知天沟的长度、坡度、材料、汇水面积和设计重现期，确定天沟的形状和几何尺寸。其设计计算步骤为：

1）划定分水线，天沟布置应以伸缩缝、沉降缝、变形缝为分界。求每条天沟的汇水面积 F 和 5min 的暴雨强度 q_5，计算天沟设计雨水流量；

2）初步确定天沟形状和几何尺寸，求天沟过水断水面积 ω；

3）计算天沟水流流速 v；

4）求天沟允许通过的流量 Q；

5）若天沟的设计雨水流量 Q_y 不大于天沟允许通过的流量 Q，则说明天沟尺寸能够满足屋面雨水排水的要求，确定立管管径即可；若天沟的设计雨水流量 Q_y 大于天沟允许通过的流量 Q，需要改变天沟的形状和几何尺寸，增大天沟的过水断水面积 ω，重新计算。

天沟实际断面应另增加 50～100mm 的保护高度，天沟起端深度不宜小于 80mm。

五、雨水内排水系统的设计及计算

（一）雨水斗及其连接管

1. 设置要求

屋面排水系统应设置雨水斗。不同排水流态、特征的屋面雨水排水系统应选用相应的雨水斗。雨水斗分为重力流型排水雨水斗和压力型排水雨水斗。

雨水斗的设计位置应根据屋面汇水情况，并结合建筑结构承载、管系敷设等因素确定。布置雨水斗时，应以伸缩缝或沉降缝作为天沟排水分水线，否则应在缝的两侧各设一个雨水斗。防火墙处设置雨水斗时应在防火墙的两侧各设一个雨水斗。寒冷地区，雨水斗应布置在受室内温度影响的屋面及雪水融化范围的天沟内。屋面雨水管道如按压力流设计时，同一系统的雨水斗宜在同一水平面上。

一般情况下，1 根连接管上接 1 个雨水斗，连接管采用与雨水斗出水口相同的直径即可。

多斗雨水排水的雨水斗，宜对立管作对称布置，其连接管应接至悬吊管上，不得在立管顶端设置雨水斗。与雨水立管连接的悬吊管，不宜多于2根。

2. 雨水斗的设计泄流量

雨水斗的泄流量与流动状态有关，应根据各种雨水斗的特性，并结合屋面排水条件等情况设计确定。在重力流状态下，雨水斗的排水状况是自由堰流；在半有压流和压力流状态下，排水管道内产生负压抽吸，呈有压流。

选定雨水斗型号后，根据小时降雨厚度查附录3-3可得到雨水斗最大允许汇水面积。

（二）重力流屋面雨水排水管系的设计及计算

1. 横管水力计算

横管包括悬吊管、管道层的汇合管、埋地横干管和出户管。横管的雨水量可按所接纳的各雨水斗流量之和确定，并宜保持管径不变。横管中水流流速和允许通过的流量也可近似按圆管均匀流计算。

2. 立管水力计算

在重力流状态下，雨水排水立管按水膜流计算，最大泄流量见表3-14。

重力流系统屋面雨水排水立管的最大泄流量 表3-14

铸铁管		塑料管		钢管	
公称直径 （mm）	最大泄流量 （L/s）	公称外径×壁厚 （mm）	最大泄流量 （L/s）	公称外径×壁厚 （mm）	最大泄流量 （L/s）
75	4.30	75×2.3	4.50	88.9×4.0	5.10
100	9.50	90×3.2	7.40	114.3×4.0	9.40
		110×3.2	12.80		
125	17.00	125×3.2	18.30	139.7×4.0	17.10
		125×3.7	18.00		
150	27.80	160×4.0	35.50	168.3×4.5	30.80
		160×4.7	34.70		
200	60.0	200×4.9	64.60	219.1×6.0	65.5
		200×5.9	62.80		
250	108.00	250×6.2	117.00	273.0×7.0	119.10
		250×7.3	114.10		
300	176.00	315×7.7	217.00	323.9×7.0	194.00
—	—	315×9.2	211.00	—	—

3. 重力流屋面雨水排水管系的设计要求

（1）悬吊管应按非满流设计，充满度应取0.8，长度大于15m的雨水悬吊管，应设检查口，其间距不宜大于20m，且应布置在便于维修操作处。

（2）排出管充满度应取1.0。

（3）悬吊管管径不得小于雨水斗连接管管径，立管管径不得小于悬吊管管径。

（4）重力流雨水排水系统当采用外排水时，可选用建筑排水塑料管；当采用内排水雨水系统时，宜采用承压塑料管、金属管或涂塑钢管等管材。

（三）压力流屋面雨水排水管系的设计及计算

压力流雨水管系的连接管、悬吊管、立管、埋地横干管均按满流设计，管路的沿程阻力损失按海森-威廉公式计算（水力学中的公式），局部阻力损失可折算成等效长度，按沿程阻力损失估算。压力流屋面雨水排水立管管径经计算确定，可小于上游横管管径。

压力流屋面雨水排水管道设计应符合下列规定：悬吊管与雨水斗出口的高差应大于1m；悬吊管设计流速不宜小于1m/s，立管设计流速不宜大于10m/s；雨水排水管道总水头损失与流出水头之和不得大于雨水管进、出口的几何高差；悬吊管水头损失不得大于80kPa；排水管系各节点的上游不同支路的计算水头损失之差，不应大于10kPa；压力流排水管系出口应放大管径，其出口水流速度不宜大于1.8m/s，否则应采取消能措施。

满管压力流雨水排水系统宜采用承压塑料管、金属管、涂塑钢管、内壁较光滑的带内衬的承压排水铸铁管等，用于满管压力流排水的塑料管，其管材抗负压力应大于−80kPa。

六、屋面雨水排水管道布置与敷设的其他要求

建筑物内设置的雨水管道系统应密闭。雨水管道的布置应将雨水以最短距离就近排至室外。建筑屋面各汇水范围内，雨水排水立管不宜少于2根。居住建筑设置雨水内排水系统时，除敞开式阳台外应设在公共部位的管道井内。除土建专业允许外，雨水管道不得敷设在结构层或结构柱内。屋面雨水排水管的转向处宜做顺水连接。裙房屋面的雨水应单独排放，不得汇入高层建筑屋面排水管道系统。有埋地排出管的屋面雨水排出管系，在底层立管上宜设检查口。

阳台、露台雨水系统设置应符合下列规定：高层建筑阳台、露台雨水系统应单独设置；多层建筑阳台、露台雨水宜单独设置；阳台雨水的立管可设置在阳台内部；当住宅阳台、露台雨水排入室外地面或雨水控制利用设施时，雨落水管应采取断接方式；当阳台、露台雨水排入小区污水管道时，应设水封井。当屋面雨落水管雨水间接排水且阳台排水有防返溢的技术措施时，阳台雨水可接入屋面雨落水管。当生活阳台设有生活排水设备及地漏时，应设专用排水立管接入污水排水系统，可不另设阳台雨水排水地漏。

建筑雨水管道的最小管径和横管的最小设计坡度按表3-15确定。

建筑雨水管道的最小管径和横管的最小设计坡度　　　　表3-15

管道类别	最小管径（mm）	横管最小设计坡度	
		铸铁管、钢管	塑料管
建筑外墙雨落水管	75（75）	—	—
雨水排水立管	100（110）	—	—
重力流排水悬吊管	100（110）	0.01	0.0050
满管压力流屋面排水悬吊支管	50（50）	0.00	0.0000
雨水排出管	100（110）	0.01	0.0050

注：表中铸铁管管径为公称直径，括号内数据为塑料管外径。

习　题

1. 建筑内部的排水系统，按排出的污废水性质分为以下三类：（　　）。

A. 生活污水排水系统、生活废水排水系统、工业废水排水系统；

B. 分流排水系统、合流排水系统、综合排水系统；

C. 生活排水系统、工业废水排水系统、屋面雨水排水系统；

D. 生活污水排水系统、生活废水排水系统、屋面雨水排水系统

2. 建筑物内下列哪种情况不宜采用生活污水与生活废水分流的排水系统？（　　）

A. 小区内设有生活污水和生活废水分流的排水系统；

B. 小区内仅仅设有生活污水排水系统；

C. 生活污水需经化粪池处理后才能排入市政排水管道时；

D. 生活废水需回收利用时

3. 关于排水体制，下列哪种叙述是错误的？（　　）

A. 两种生产废水合流会产生有毒有害气体和其他物质时，应采用分流制；

B. 同类型污染物，浓度不同的两种污水宜分流排出；

C. 民用建筑内部的分流制，是指将生活污水和生活废水分别通过单独的排水管系排放；

D. 建筑内部排水的合流制，包含屋面雨水排水

4. 关于水封的原理和作用，下列哪种叙述是正确的？（　　）

A. 利用弯曲的管道存水，形成隔断，防止管内气体进入室内；

B. 利用弯曲的管道增加阻力，防止管内气体进入室内；

C. 利用一定高度的静水压力，防止管内气体进入室内；

D. 利用弯曲的管道中的水的局部阻力，防止管内气体进入室内

5. 关于建筑排水设计秒流量，下列哪种叙述是错误的？（　　）

A. 建筑排水设计秒流量是建筑内部的最大排水瞬时流量；

B. 现行规范规定的建筑排水设计秒流量的计算方法有当量法和同时排水百分数法；

C. 一个排水当量的排水流量小于一个给水当量的流量；

D. 一个排水当量相当于 0.33L/s 排水流量

6. 某 11 层住宅楼，一层单独排水，2～11 为一个排水系统。其每户的卫生间内设有坐便器、浴盆和洗脸盆，卫生间内采用合流制排水。已知参数：坐便器 $N=6$，$q=2L/s$，浴盆 $N=3$，$q=1L/s$，洗脸盆 $N=0.75$，$q=0.25$。计算每户 1 根排水立管底端的设计秒流量为____L/s。

7. 某宾馆有一根仅设伸顶通气的铸铁生活排水立管，接纳的排水当量总数 N_p 为 120，该宾馆计算管段上最大一个卫生器具排水流量 q_{max} 为 1.5L/s，经计算最经济的立管管径为多少管径？

8. 关于地漏及其设置，下列哪种叙述是错误的？

A. 地漏应设置在易溅水的器具附件地面的最低处；

B. 带水封的地漏水封深度不得小于 50mm；

C. 应优先采用直通式地漏；

D. 淋浴室内设有 3 个淋浴器时，其排水地漏管径应为 $DN100$

9. 某工程中的 6 根污水立管的通气管至顶层后，汇合为 1 根通气管，6 根通气管中有 2 根为 $DN150$，4 根为 $DN100$。汇合后的通气管应为____。

A. $DN150$；B. $DN200$；C. $DN250$；D. $DN300$

10. 下列实例中确定的通气管管径，正确的是（　　）。

A. 同时与 1 根 $DN100mm$ 的生活污水管道和 1 根 $DN100$ 的生活废水管道连接、长度为 40m 的专用通气立管管径为 $DN75mm$；

B. 某建筑排水立管为 $DN100mm$，已知该地区最冷月平均气温为 $-15℃$，其伸出屋面的伸顶通气管管径为 $DN125mm$；

C. 与 1 根 $DN125mm$ 的生活排水管道连接、长度为 60m 的主通气立管直径为 $DN100mm$；

D. 与直径为 $DN100mm$ 的排水横支管连接的环形通气管的管径为 $DN150mm$

11. 某工程地下室设有集水池，该集水池内设有两台污水泵，1 用 1 备。污水泵的参数：$Q=30m^3/h$，$H=10m$，$N=3kW$，计算该集水池的最小有效容积为____ m^3。

A. 2.50；B. 3.00；C. 5.00；D. 2.75

12. 化粪池的主要作用是去除生活污水中的悬浮物和有机物，其原理是____。

A. 沉淀；B. 沉淀和厌氧反应；

C. 沉淀和好氧反应；D. 沉淀和过滤

13. 某住宅楼采用合流制排水系统，经计算化粪池有效容积为 $40m^3$，采用三格化粪池，则每格的有效容积应该分别为（   ）。

A. $24m^3$、$8m^3$、$8m^3$；B. $13.4m^3$、$13.3m^3$、$13.3m^3$；

C. $30m^3$、$5m^3$、$5m^3$；D. $20m^3$、$10m^3$、$10m^3$

14. 下列关于建筑屋面雨水管道设计流态的叙述中，正确的是（   ）。

A. 高层建筑屋面雨水排水宜按压力流设计；

B. 工业厂房、库房、公共建筑的大型屋面雨水排水宜按压力流设计；

C. 檐沟外排水宜按压力流设计；

D. 长天沟外排水宜按重力流设计

15. 下列关于建筑雨水汇面面积计算的叙述中，不正确的是（   ）。

A. 屋面的汇水面积应按屋面水平投影面积计算；

B. 一侧有高出汇水面的垂直侧墙时，应将该侧墙面积的 1/2 折算为汇水面积；

C. 贴近建筑外墙的地下汽车库出入口坡道的汇水面积，应附加其高出侧墙面积的 1/2；

D. 高层建筑裙房的汇水面积，应附加其高出部分侧墙面积的 100%

第四章

小区给水排水与建筑中水

第一节　小区给水排水设计要点

一、居住小区给水系统

（一）小区给水系统及其设计用水量

小区的室外给水系统的设计用水量应能够满足小区内全部用水的要求。小区的室外给水系统应尽量利用市政给水管网的水压直接供水。当市政给水管网的水压、水量不足时，应设置贮水池和加压给水泵站加压设施的服务半径不宜大于500m，且不宜穿越市政道路。

小区的加压给水系统应根据小区的规模、建筑高度、建筑物分布等具体情况确定其数目、规模和水压。小区加压泵站的贮水池有效容积，其生活用水调节量应按流入量和出水量的变化曲线经计算确定，资料不足时可按小区加压给水系统的最高日用水量的15%～20%确定。

小区内的给水设计用水量应根据小区内的建筑设计内容，各自独立计算后综合确定，包括以下用水量：

（1）居民生活用水量——应按小区居住人口和住宅最高日生活用水定额经计算确定；

（2）公共建筑用水量——小区的公共建筑是指与小区配套建设的、为小区居民服务的公共建筑，其用水量应按照各自的用水定额和服务人数经计算确定；

（3）绿化用水量——居住小区绿化浇洒用水定额可按 $1.0～3.0L/(m^2 \cdot d)$ 计算；

（4）水景、娱乐设施用水量——小区的公用游泳池、水上游乐池和水景用水量应取其循环水量计算；

（5）小区道路、广场用水量——小区道路、广场的浇洒用水定额可按 $2.0～3.0L/(m^2 \cdot d)$ 计算；

（6）公用设施用水量——应由该设施的管理部门提供用水量，无重大公用设施时，不另计用水量；

（7）未预见水量及管网漏失水量——可按最高日用水量的8%～12%计算；

（8）消防用水量——仅用于校核管网计算，不属正常用水量。居住小区的消防用水量和水压、火灾延续时间均按照现行国家标准《建筑设计防火规范》（2018年版）GB 50016、《消防设施通用规范》GB 55036及《消防给水及消火栓系统技术规范》GB 50974。

（二）小区室外给水管道设计流量

小区的室外给水系统的水量应满足小区内全部用水的要求。

居住小区的室外给水管道的设计流量应根据管段服务人数、用水定额及卫生器具设置标准等因素确定，住宅应按其引入管设计流量计算管段流量；居住小区内配套的文体、餐饮娱乐、商铺及市场等设施应按其生活给水设计秒流量计算节点流量；居住小区内配套的文教、医疗保健、社区管理等设施，以及绿化和景观用水、道路及广场洒水、公共设施用水等，均以平均时水量计算节点流量。设在居住小区范围内但不属于居住小区配套的公共建筑，其节点流量应另计。

小区给水引入管的设计流量还应考虑未预计水量和管网漏失量。

小区的室外生活、消防合用给水管道设计流量，应再叠加区内火灾的最大消防设计流量，并应对管道进行水力计算校核，其结果应符合现行的国家标准《消防给水及消火栓系统技术规范》GB 50974 的规定。

小区生活用贮水池的有效容积应根据生活用水调节量和安全贮水量等确定，可按小区加压供水系统的最高日生活用水量的 15％～20％ 确定。

（三）小区管道布置与敷设

居住小区的室外给水管网，应布置成环状网，或与市政给水管连接环状网。环状给水管网与市政给水管的连接管不宜少于两条，当其中一条发生故障时，其余的连接管应能通过不小于 70％ 的流量。

小区的室外给水管道，应沿区内道路平行于建筑物敷设，宜敷设在人行道、慢车道或草地下；管道外壁距建筑物外墙的净距不宜小于 1m，且不得影响建筑物的基础。居住小区的室外给水管道与其他地下管线及乔木之间的最小净距，应符合相应规范的规定。生活给水管道不宜与输送易燃、可燃或有害的液体或气体的管道同管廊（沟）敷设。

室外给水管道的覆土深度，应根据土层冰冻深度、车辆荷载、管道材质及管道交叉等因素确定。管顶最小覆土深度不得小于土层冰冻线以下 0.15m，行车道下的管线覆土深度不宜小于 0.7m。

室外给水管道上的阀门，宜设置阀门井或阀门套筒。

敷设在室外综合管廊（沟）内的给水管道，宜在热水、热力管道下方，冷冻管和排水管的上方。给水管道与各种管道之间和净距，应满足安装操作的需要，且不宜小于 0.3m。室内冷、热水管上、下平行敷设时，冷水管应在热水管下方；垂直平行敷设时，冷水管应在热水管右侧。

二、小区生活排水系统

小区排水系统是室内污水排水管与城市排水管道的连接部分。小区排水系统的管道布置通常根据建筑群的平面布置、房屋排出管的位置、地形和城市排水管位置等条件综合统一考虑。定线时应注意建筑物的扩建发展情况，以免日后改拆管道，造成施工及管理上的返工浪费。

居住小区排水管道通常埋设在屋内设有卫生间、厨房的一侧，排水干管应靠近主要排水建筑物，并布置在支管较多的一侧。小区排水管道宜沿建筑平行敷设，在与房屋排出管交接处应设排水检查井。管道或排水检查井中心至建筑物外墙面的距离不宜少于 3m，管道不应布置在乔木下面。

小区排水管道应采用最小的埋设深度。影响埋深的因素有：（1）房屋排出管的埋深；（2）土层冰冻深度；（3）管顶所受动荷载情况。生活排水管道埋设深度不得高于土层冰冻线以上 0.15m，且覆土厚度不宜小于 0.3m；小区干道和组团道路下的排水管道，管顶宜有 0.7m 的覆土厚度。

小区排水管道的最小管径、最小设计坡度和最大计算充满度应满足表 4-1 的规定。

小区室外生活排水管道最小管径、最小设计坡度和最大设计充满度　　表 4-1

管别	最小管径（mm）	最小设计坡度	最大设计充满度
接户管	160（150）	0.005	0.5
支管	160（150）	0.005	0.5

续表

管别	最小管径（mm）	最小设计坡度	最大设计充满度
干管	200（200）	0.004	0.5
	≥315（300）	0.003	

注：1. 接户管管径不得小于建筑物排出管管径。

　　2. 小区室外生活排水管道宜采用埋地排水塑料管。

在排水管道交接处、管径和管坡及管道方向改变处、较长的直线管段上，需设置排水检查井，检查井的间距为 30～50m。宜采用塑料检查井。

小区室外生活排管道的设计流量应按最大小时排水流量计算。

三、小区雨水排水系统的设计

小区的设计降雨强度按当地暴雨强度公式计算，雨水管道设计雨水量公式同建筑屋面排水系统。

小区雨水管道设计降雨历时按下式计算：

$$t = t_1 + t_2 \qquad\qquad (4-1)$$

式中　t——降雨历时（min）；

　　　t_1——地面集水时间（min）；视距离长短、地形坡度和地面铺盖情况而定，可选 5～10min；

　　　t_2——排水管内雨水流行时间（min）。

小区雨水排水管道的设计重现期 3～5 年；车站、码头、机场等基地采用 5～10 年；下沉式广场、地下车库坡道出入口采用 10～50 年。径流系数按地面种类选取，多种地面按加权平均计算。

小区雨水宜利用地形高程采取有组织地表排水方式；必须设置雨水管网时，宜沿道路和建筑物周边平行布置，敷设在人行道、车行道下或绿化带下。

小区雨水排水系统宜选用埋地塑料管。

小区雨水管道宜按满流重力流设计，管内流速不宜小于 0.75m/s。小区雨水管道的最小管径和横管的最小设计坡度宜按表 4-2 确定。

雨水管道的最小管径和横管的最小设计坡度　　　　　表 4-2

管别	最小管径（mm）	横管的最小设计坡度
小区建筑周围雨水接户管	200（200）	0.003
小区道路下的干管、支管	315（300）	0.0015
雨水口连接管	160（150）	0.01

注：表中括号内数值是埋地塑料管内径系列管径。

小区内雨水口的布置应根据地形、建筑物位置沿路布置，宜在下列部位布置雨水口：道路交汇处和路面低洼处；建筑物单元出入口与道路交界处；建筑雨水落水管附近；小区空地、绿地的低洼处；地下坡道入口处等。雨水检查井的最大间距可按表 4-3 确定。

雨水检查井最大间距　　　　　　　　　　　　　　表 4-3

管径（mm）	最大间距（m）	管径（mm）	最大间距（m）
160（150）	30	400（400）	50
200～315（200～300）	40	≥500（500）	70

注：表中括号内数值是埋地塑料管内径系列管径。

第二节　建　筑　中　水

中水指各种排水经处理后，达到规定的水质标准，可在生活、市政、环境等范围内杂用的非饮用水。中水系统是由中水原水收集、储存、处理和中水供给等工程设施组成的有机结合体，是建筑物或建筑小区的功能配套设施之一。缺水城市和缺水地区适合建设中水设施的工程项目，应按照当地有关规定配套建设中水设施。中水设施必须与主体工程同时设计，同时施工，同时使用。

一、中水水源及其水量、水质

（一）中水水源

中水水源应根据可以收集作为中水原水水源的水质、水量、排水状况和中水回用的水质、水量等情况选定。可取自建筑物及小区的生活排水及其他一切可以利用的水源，如空调循环冷却水系统排污水、游泳池排污水、采暖系统排水等。建筑屋面雨水、小区雨水也可作为中水水源或其补充。综合医院污水作为中水水源时，必须经过消毒处理，产生的中水仅可用于独立的不与人直接接触的系统。传染病医院、结核病医院污水和放射性废水，不得作为中水水源。

建筑物中水水源选取顺序为：（1）卫生间、公共浴室的盆浴和淋浴等的排水；（2）盥洗排水；（3）空调循环冷却水系统排污水；（4）冷凝水；（5）游泳池排污水；（6）洗衣排水；（7）厨房排水；（8）冲厕排水。

建筑物中水水源不是单一水源一般可以分成下列三种组合：（1）污染程度较低的排水，如冷却排水、泳池排水、沐浴排水、盥洗排水、洗衣排水等的组合，通常称为优质杂排水，应优先选用；（2）民用建筑中除粪便污水外的各种排水，如冷却排水、泳池排水、沐浴排水、盥洗排水、洗衣排水、厨房排水等的组合，通常称为杂排水；（3）所有生活排水之总称，即生活污水，水质最差。

建筑小区中水可选择的水源有：（1）小区内建筑物杂排水，以居民洗浴水为优先水源；（2）小区或城市污水处理厂出水；（3）小区附近相对洁净的工业废水，其水质、水量必须稳定，并要有较高的使用安全性；（4）小区内的雨水；（5）小区生活污水。

（二）原水水量

1. 建筑物中水原水量

建筑物中水原水量，按式（4-2）计算：

$$Q_Y = \Sigma \beta \cdot Q_{pj} \cdot b \tag{4-2}$$

式中　Q_Y——中水原水量（m³/d）；

β——建筑物按给水量计算排水量的折减系数，一般取 $0.85\sim0.95$；

Q_{pj}——建筑物平均日生活给水量，按现行国家标准《民用建筑节水设计标准》GB 50555中的节水用水定额计算确定（m^3/d）；

b——建筑物分项给水百分率，建筑物的分项给水百分率应以实测资料为准，在无实测资料时，可按表4-4选取。

建筑物分项给水百分率（单位：%）　　　　　　　表 4-4

项目	住宅	宾馆、饭店	办公楼、教学楼	公共浴室	职工及学生食堂	食堂
冲厕	21.3～21	10～14	60～66	2～5	6.7～5	30
厨房	20～19	12.5～14	—	—	93.3～95	—
淋浴	29.3～32	50～40	—	98～95	—	40～42
盥洗	6.7～6.0	12.5～14	40～34	—	—	12.5～14
洗衣	22.7～22	15～18	—	—	—	17.5～14
总计	100	100	100	100	100	100

用作中水水源的水量宜为中水回用量的 $100\%\sim115\%$，以保证中水水处理设备的安全运转。

2. 建筑小区中水原水量

小区建筑物分项排水原水量按式（4-2）计算确定。

小区综合排水量可按式（4-3）计算：

$$Q_{y1} = Q_1 \cdot \alpha \cdot \beta \tag{4-3}$$

式中　Q_{y1}——小区综合排水量（m^3/d）；

　　　Q_1——小区最高日给水量；

　　α、β——见式（4-2）。

小区中水原水的水量应根据小区中水用量和可回收排水项目水量平衡计算确定。

（三）原水水质

原水水质随建筑物所在地区及使用性质不同，其污染成分和浓度也不相同，设计时可根据水质调查分析确定。在无实测资料时，各类建筑物的各种排水污染物浓度可参照表4-5确定。

各类建筑物各种排水污染浓度表（mg/L）　　　　　　　表 4-5

类别	住宅			宾馆、饭店			办公楼、教学楼			公共浴室			餐饮业、营业餐厅		
	BOD_5	COD_{Cr}	SS	BOD_5	COD_{Cr}	SS	BOD_5	COD_{Cr}	SS	BOD_5	COD_{Cr}	SS	BOD_5	COD_{Cr}	SS
冲厕	300～450	800～1100	350～450	250～300	800～1100	300～400	260～340	350～450	260～340	260～340	350～450	260～340	260～340	350～450	260～340
厨房	500～650	900～1200	220～280	400～550	800～1100	180～200	—	—	—	—	—	—	500～600	900～1100	250～280
沐浴	50～60	120～135	40～60	40～50	100～110	30～50	—	—	—	45～55	110～120	35～55	—	—	—
盥洗	60～70	90～120	100～150	50～60	80～100	80～100	90～110	100～140	90～110	—	—	—	—	—	—

类别	住宅			宾馆、饭店			办公楼、教学楼			公共浴室			餐饮业、营业餐厅		
	BOD_5	COD_{Cr}	SS	BOD_5	COD_{Cr}	SS	BOD_5	COD_{Cr}	SS	BOD_5	COD_{Cr}	SS	BOD_5	COD_{Cr}	SS
洗衣	220~450	310~390	60~70	180~220	270~330	50~60	—	—	—	—	—	—	—	—	—
综合	230~300	455~600	155~180	140~175	295~380	95~120	195~260	260~340	195~260	50~65	115~135	40~65	190~590	890~1075	255~285

（四）中水水质

中水用作城市杂用水时，其水质应符合《城市污水再生利用 城市杂用水水质》GB/T 18920的规定。中水用作景观环境用水时，其水质应符合《城市污水再生利用 景观环境用水水质》GB/T 18921 的规定。中水用于食用作物、蔬菜浇灌用水时，其水质应符合《农田灌溉水质标准》GB 5084 的要求。中水用于采暖系统补水等其他用途时，其水质应达到相应使用要求的水质标准。当中水同时满足多种用途时，其水质应按最高水质标准确定。

二、建筑中水系统的形式

（一）中水系统形式

建筑中水是建筑物中水和建筑小区中水的总称。

1. 建筑物中水

完全分流系统是指中水原水的收集系统和建筑物的原排水系统完全分开，建筑物的生活给水与中水供水也是完全分开的系统，既设有粪便污水和杂排水两套排水管，也设有给水和中水两套给水管。建筑物中水应采用此形式。

2. 建筑小区中水

建筑小区中水基于其管路系统的特点，可采用如下多种形式的系统：

（1）全部完全分流系统

原水分流管系和中水供水管系覆盖全区建筑物的系统，即在建筑小区内的主要建筑物都建有污水、废水分流管系（两套排水管）和中水、自来水供水管系（两套供水管）的系统。采用杂排水作中水水源，必须配置两套给水系统（自来水系统和中水供水管系）和两套排水系统（杂排水收集系统和其他排水收集系统），属于完全分流系统。

（2）部分完全分流系统。是指原水分流管系和中水供水管系均为覆盖小区内部分建筑的系统。

（3）半完全分流系统。是指无原水分流管系（原水为综合污水或外接水源），只有中水供水管系或只有污水、废水分流管系而无中水供水管的系统。

当采用生活污水为中水水源时，或原水为外接水源，可省去一套污水收集系统，但中水仍需设置单独的供水系统，成为三套管路系统，称为半完全分流系统。将建筑内的杂排水分流出来，处理后只用于室外杂用的系统也是半完全分流系统。

（4）无分流管系的简化系统。是指地面以上建筑物内无污水、废水分流管系和中水供水管系的系统。

该系统由于中水不上楼，使楼内的管路设计更为简化，投资也比较低，居民更易于接受。但限制了中水的使用范围，降低了中水的使用效益。中水的原水是综合生活污水或外接水源，在住宅内的管线仍维持原状，因此，对于已建小区的中水工程较为适合。

（二）中水原水系统

中水原水系统是指收集、输送中水原水到中水处理设施的管道系统及其附属构筑物。

原水系统应计算原水收集率，收集率不应低于回收排水项目给水量的 75%。原水收集率按式（4-4）计算：

$$\eta = \frac{\sum Q_P}{\sum Q_J} \times 100\% \tag{4-4}$$

式中　η——中水原水收集率（%）；

$\sum Q_P$——中水系统回收排水项目的回收水量之和（m^3/d）；

$\sum Q_J$——中水系统回收排水项目的给水量之和（m^3/d）。

（三）中水供水系统

中水供水系统的任务是把中水保质保量地通过输配水管网送至各中水用水点，该系统由中水贮水池、中水配水管网、中水高位水箱、控制和配水附件、计量设备等组成。其设计应符合下列要求：

（1）中水供水系统必须独立设置，不能以任何方式与自来水系统连接；（2）中水系统供水量可按照《建水标准》中的用水定额及表 4-3 中规定的百分率计算确定；（3）中水供水管道宜采用塑料给水管、塑料和金属复合管或其他给水管材，不得采用非镀锌钢管；（4）中水管道上不得装设取水龙头。当装有取水接口时，必须采取严格的防止误饮、误用的措施，如供专人使用的带锁龙头、明显标示不得饮用等。

（四）水量平衡

水量平衡是将设计的建筑或建筑群的给水量、污水、废水排水量、中水原水量、贮存调节量、处理量、处理设备耗水量、中水调节贮存量、中水用量、自来水补给量等进行计算和协调，使其达到平衡。并把计算和协调的结果用图线和数字表示出来，即水量平衡图。它是选定建筑中水系统形式、确定中水处理系统规模和处理工艺流程的重要依据。

1. 水量平衡计算

水量平衡计算应从两方面进行，一方面是确定可作为中水水源的污、废水可集流的流量，进行原水量和处理量之间的平衡计算；另一方面是确定中水用水量，进行处理量和中水用水量之间的平衡计算。

（1）原水调节池调节容积计算

原水量和处理量之间的水量平衡通过设置原水调节池实现，调节容积应按中水原水量及处理量的逐时变化曲线计算确定。当缺乏以上资料时，原水调节池的调节容积可按下列方法计算：

1）连续运行时，调节容积可按处理水量的 35%~50% 计算。

2）间歇运行时，调节池容积可按处理系统运行周期计算，如式（4-5）：

$$W_1 = 1.2Q_h \cdot t_1 \tag{4-5}$$

式中　W_1——原水调节池有效容积（m^3）；

t_1——处理设备连续运行时间（h）；

Q_h——处理系统设计处理能力（m^3/h）；

　　1.5——系数。

　　（2）中水贮存池（箱）调节容积计算

　　中水贮存池（箱）调节容积应按中水处理量曲线和用水量的逐时变化曲线求算。缺乏以上时，可按下列方法计算：

　　1）连续运行时，调节容积可按中水系统日用水量的 25％～35％ 计算。

　　2）间歇运行时，调节容积可按处理设备运行周期计算，如式（4-6）：

$$W_2 = 1.2(q \cdot t_2 - Q_z) \tag{4-6}$$

式中　W_2——中水贮存池（箱）有效容积（m^3）；

　　　　t_2——处理设备设计运行时间（h）；

　　　　q——中水设施处理能力（m^3/h）；

　　　　Q_z——日最大连续运行时间内的中水用水量（m^3/h）；

　　　　1.2——系数。

　　3）当中水供水系统设置供水箱采用水泵—水箱联合供水时，供水箱的调节容积不得小于中水系统最大小时用水量的 50％。

　　2. 水量平衡措施

　　水量平衡措施是指通过溢流和超越、设置调贮设备、补充自来水等措施保证系统内各种水量的平衡。水量平衡措施主要有如下几种：

　　（1）贮存调节

　　设置原水调节池、中水贮水池、中水高位水箱等进行水量调节，以控制原水量、处理量和用水量之间的不均衡性。

　　（2）运行调节

　　利用水位信号控制处理设备自动运行、调整运行时间、班次等手段调节处理水量。

　　（3）原水收集、中水使用调节

　　中水用水量很大时，扩大原水收集范围，如将不能自流进入系统的杂排水采用局部提升方式接入；中水原水量较大时，应充分开辟中水使用范围，如浇洒道路、绿化、冷却水补水、采暖系统补水、建筑施工用水等。

　　（4）溢流和超越

　　当出现原水量瞬时高峰、用水短时间中断、设备故障检修等紧急情况时，采用溢流、超越等方式保持水量平衡或保证设备的检修。

　　（5）补充自来水

　　在中水贮存池或中水高位水箱上设自来水补水管，但必须采取隔断措施，避免与中水供水管道直接连接。中水供水不足、设备发生故障的情况下采用。

　　三、中水处理工艺及设施

　　（一）中水处理工艺流程

　　中水处理工艺流程应根据中水原水的水质、水量及中水的水质、水量使用要求等因素，经过水量平衡，进行技术经济比较后确定。

　　（1）以优质杂排水为中水原水时，可采用以物化处理为主的工艺流程，如图 4-1 所示。

　　（2）以含有粪便污水的生活排水作为中水原水时，宜采用生物处理与物化处理相结

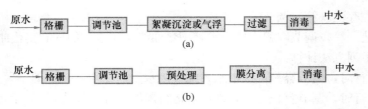

图 4-1 优质杂排水或杂排水为中水原水的水处理工艺流程

（a）物化处理工艺流程（适用于优质杂排水）；（b）预处理和膜分离相结合的工艺流程

合、生物处理与生态处理相结合或膜生物反应器为主的工艺流程，如图 4-2 所示。

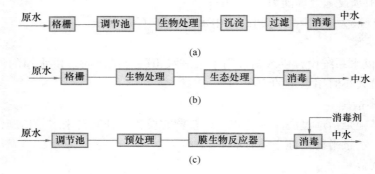

图 4-2 含有粪便污水的生活排水为中水原水的水处理工艺流

（a）生物处理和深度处理相结合；（b）生物处理和生态处理相结合；（c）膜生物反应器

（二）中水处理站

中水处理站的位置应根据建筑总体规划、中水原水的收集地点、中水用水的位置、环境卫生和管理维护要求等因素确定。以生活污水为原水的地面处理站与公共建筑和住宅的距离不宜小于 15m，建筑物内的中水处理站宜设在建筑物的最底层，小区中水处理站处理构筑物宜为地下式或封闭式。

中水处理站除设置处理设备的房间外，还应根据规模和需要设药剂贮存、配制、系统控制、化验及值班室等用房。建筑小区的中水处理站，加药贮药间和消毒剂制备贮存间，宜与其他房间隔开，并有直接通向室外的门；建筑物内的中水处理站，宜设置药剂储存间，还应设有值班、化验等房间。

中水处理站处理构筑物及处理设备应布置合理、紧凑，满足构筑物的施工、设备安装、运行调试、管道敷设及维护管理的要求。建筑物内部的中水处理站层高不宜小于 4.5m，工作人员活动区域的净空不宜小于 1.2m。

中水处理站应满足主要处理环节运行观察、水量计量、水质取样化验监（检）测和进行中水处理成本核算的条件。应设有适应处理工艺要求的采暖、通风、换气、照明、给水排水设施，地面设有集水坑，不能重力排出时，设潜污泵排水。

中水处理站对采用药剂可能产生的危害（腐蚀、对环境的污染、爆炸等）应采取有效的防护措施，对处理过程中产生的臭气应采取有效的除臭措施，每小时换气次数不宜小于 8～12 次。对机电设备所产生的噪声和振动应采取有效的降噪和减振措施，保证产生的噪声值不超过国家标准《声环境质量标准》GB 3096 的要求。当有可能产生易爆气体时，配电应采取防爆措施。处理站还应具备泥、渣等的存放和外运条件。

习 题

1. 某居住区设中水系统，所有排水均作为中水水源，该小区最高日用水量 700m³/d，中水原水量最小为（　　）m³/d。

2. 下列关于中水水源的叙述错误的是（　　）。

A. 综合医院污水作为中水水源时，必须经过消毒处理方可用于洗车、冲厕等用途；

B. 放射性废水不得作中水水源；

C. 建筑屋面雨水可作为中水水源或其补充；

D. 城市污水处理场出水可作为建筑小区的中水水源

3. 某建筑采用中水作为绿化和冲厕用水，中水原水为淋浴、盥洗和洗衣用水，厨房废水不回用。其中收集淋浴、盥洗和洗衣用水分别为 149m³/d、45m³/d、63m³/d，厨房废水为 44m³/d。冲厕需回用废水为 49m³/d，绿化需回用废水为 83m³/d。中水处理设备自用水量取中水用水量的 15%，则中水系统溢流水量为（　　）m³/d。

4. 在建筑中水系统中，杂排水是指（　　）。

A. 淋浴排水＋厨房排水；B. 建筑内部的各种排水；

C. 除粪便污水外的各种排水；D. 厨房排水＋粪便污水

5. 某中水站以优质杂排水作为中水水源，请回答下列四组中水处理工艺流程中哪组工艺流程合理（　　）。

A. 中水水源—隔栅间—调节池—预处理池—消毒池—中水；

B. 中水水源—隔栅间—调节池—物化、生化处理—中水；

C. 中水水源—隔栅间—调节池—生物处理—沉淀—过滤—消毒—中水；

D. 中水水源—调节池—物化、生化处理—消毒池—中水

6. 居住小区在无管网漏失水量及未预见水量之和可按_____。

A. 最高日用水量的 10%～15%计；

B. 最高日用水量的 15%～20%计；

C. 最高日用水量的 20%～25%计；

D. 平时设计经验确定

7. 居住小区加压泵站的贮水池有效容积，当资料不足时，可按最高日用水量的_____确定。

A. 10%～20%；B. 15%～20%；C. 15%～25%；D. 10%～25%

8. 已知一小区室外地坪绝对标高为 5.00m，土壤的冰冻深度 0.60m，室外埋地给水管采用铸铁给水管。则室外埋地给水管的最小覆土深度为_____m。

A. 0.60；B. 0.75；C. 0.70；D. 0.65

9. 居民小区的合流制排水是指将雨水和_____合流排出。

A. 生活排水；B. 生活废水；C. 生活污水；D. 洗涤废水

10. 关于居住小区雨水管道设计，下列哪种叙述是错误的？（　　）

A. 设计降雨强度按当地暴雨强度公式计算；

B. 降雨历时按 5min 计算；

C. 设计重现期按 1～3 年选定；

D. 径流系数按地面种类选取，多种地面按加权平均计算

第五章

建筑内部热水供应系统

第一节　热水供应系统及选择

一、热水供应系统的分类

建筑内部热水供应系统按热水供应范围，可分为局部热水供应系统、集中热水供应系统和区域热水供应系统。

（一）局部热水供应系统

局部热水供应系统是指采用小型加热器在用水场所就地加热，供局部范围内一个或几个配水点使用的热水系统，适用于热水用量较小且较分散的建筑，如一般单元式居住建筑，小型饮食店、理发馆、医院、诊所等公共建筑；对于大型建筑也可以采用很多局部热水供应系统分别对各个用水场所供应热水。

局部热水供应系统的优点是：热水输送管道短，热损失小；设备、系统简单，造价低；维护管理方便、灵活；改建、增设较容易；缺点是：小型加热器热效率低，制水成本较高；使用不够方便舒适；每个用水场所均需设置加热装置，热媒系统设施投资较高，占用建筑总面积较大。

（二）集中热水供应系统

集中热水供应系统是指在锅炉房、热交换站或加热间将水集中加热后，通过热水管网输送到整幢或几幢建筑的热水系统，适用于热水用量较大，用水点比较集中的建筑，如较高级居住建筑、旅馆、公共浴室、医院、疗养院、体育馆、游泳池、大型饭店等公共建筑，布置较集中的工业企业建筑等。

集中热水供应系统的优点是：加热和其他设备集中设置，便于集中维护管理；加热设备热效率较高，热水成本较低；卫生器具的同时使用率较低，设备总容量较小，各热水使用场所不必设置加热装置，占用总建筑面积较少；使用较为方便舒适。其缺点是：设备、系统较复杂，建筑投资较大；需要有专门维护管理人员；管网较长，热损失较大；一旦建成后，改建、扩建较困难。

（三）区域热水供应系统

区域热水供应系统是指在热电厂、区域性锅炉房或热交换站将水集中加热后，通过市政热力管网输送至整个建筑群、居民区、城市街坊或整个工业企业的热水系统。如城市热力网水质符合用水要求，热力网工况允许时，也可从热力网直接取水。区域热水供应系统适用于建筑布置较集中，热水用量较大的城市和工业企业，目前在国外特别是发达国家应用较多，而我国的城市热力网现只作为热源来使用。

区域热水供应系统的优点是：便于集中统一维护管理和热能的综合利用；有利于减少环境污染；设备热效率和自动化程度较高；热水成本低，设备总容量小，占用总面积少；使用方便舒适，保证率高。其缺点是：设备、系统复杂，建设投资高；需要较高的维护管理水平；改建、扩建困难。

二、热水供应系统的组成

热水供应系统主要由热媒系统、热水管路系统和附件三部分组成，与建筑类型和规模、热源情况、用水要求、加热和贮存设备的供应情况、建筑对美观和安静的要求等因素有关。图 5-1 所示为一典型的集中热水供应系统。

（一）热媒系统（第一循环系统）

热媒系统由热源、水加热器和热媒管网组成。由锅炉生产的蒸汽（或高温热水）通过热媒管网送到水加热器加热冷水，经过热交换蒸汽变成冷凝水，靠余压经疏水器流到冷凝水池，冷凝水和新补充的软化水经冷凝水循环泵再送回锅炉生产蒸汽，如此循环完成热的传递作用。区域性热水系统不需设置锅炉，水加热器的热媒管道和冷凝水管道直接与热力网连接。

（二）热水管路系统（第二循环系统）

热水管路系统由热水配水管网和回水（循环）管网组成。被加热到设计温度的热水，从水加热器出来经配水管网送至各个热水配水点，而水加热器的冷水由高位水箱或给水管网供给。为保证各用水点随时都有满足设计水温的热水，在立管、水平干管或是支管上设置循环水管，使一定量的热水经过循环水泵流回水加热器以补充配水管网所散失的热量。

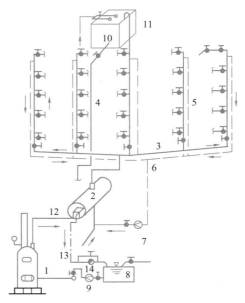

图 5-1 热媒为蒸汽的集中热水系统

1—锅炉；2—水加热器；3—配水干管；4—配水立管；5—回水立管；6—回水干管；7—循环泵；8—凝结水池；9—冷凝水泵；10—给水箱；11—透气管；12—热媒蒸汽管；13—凝水管；14—疏水器

（三）附件

附件包括蒸汽、热水的控制附件及管道的连接附件，如温度自动调节器、疏水器、减压阀、安全阀、自动排气阀、膨胀罐（箱）、管道伸缩器、阀门、止回阀等。

三、热水供应方式的类型

（一）直接加热与间接加热

热水加热方式有直接加热和间接加热之分，如图 5-2 所示。直接加热是利用以燃气、燃油、燃煤为燃料的热水锅炉，把冷水直接加热到所需水温，或者是将蒸汽或高温水通过穿孔管或喷射器直接通入冷水中混合制备热水。

热水锅炉直接加热具有热效率高、节能的特点；蒸汽直接加热方式具有设备简单、热效率高、无需冷凝水管的优点，但存在噪声大，对蒸汽质量要求高，冷凝水不能回收，热源需大量经水质处理的补充水，运行费用高等缺点。适用于具有合格的蒸汽热媒且对噪声无严格要求的公共浴室、洗衣房、工矿企业等用户。

间接加热也称二次换热，是将热媒通过水加热器把热量传递给冷水达到加热冷水的目的，在加热过程中热媒与被加热的水不直接接触。该方式的优点是回收的冷凝水可重复利用，只需对少量补充水进行软化处理，运行费用低，且加热时不产生噪声，蒸汽不会对热水产生污染，供水安全稳定。适用于要求供水稳定、安全，噪声要求低的旅馆、住宅、医院、办公楼等建筑。

（二）开式与闭式

按系统是否敞开，分为开式和闭式。开式热水供水方式，即在所有配水点关闭后，系

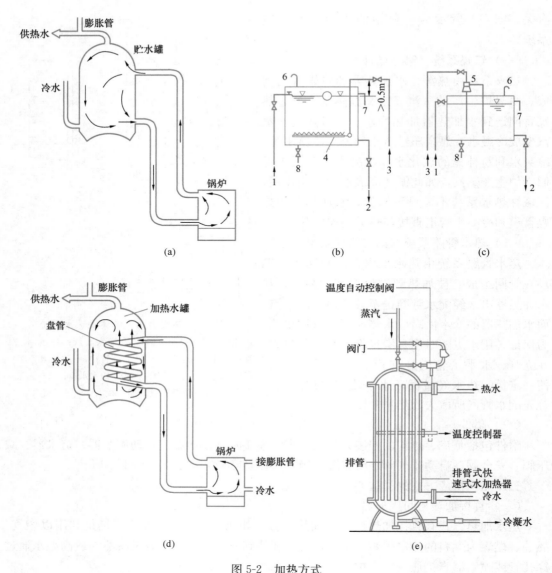

图 5-2 加热方式

（a）热水锅炉直接加热；（b）蒸汽多孔管直接加热；（c）蒸汽喷射器混合直接加热；

（d）热水锅炉间接加热；（e）蒸汽-水加热器间接加热

1—给水；2—热水；3—蒸汽；4—多孔管；5—喷射器；6—通气管；7—溢水管；8—泄水管

统内的水仍与大气相通，如图 5-3 所示。该方式中一般在管网顶部设有膨胀管或开式加热水箱，系统内的最高水压仅取决于水箱的设置高度，而不受室外给水管网水压波动的影响，可保证系统水压稳定和供水安全可靠。

闭式热水供水方式，即在所有配水点关闭后，整个系统与大气隔绝，形成密闭系统。该方式中应采用设有安全阀的承压水加热器，为了提高系统的安全可靠性，还应设置压力膨胀罐，如图 5-4 所示。闭式热水供水方式具有管路简单、水质不易受外界污染的优点，但供水水压稳定性较差，安全可靠性较差，适用于不宜设置水箱的热水供应系统。

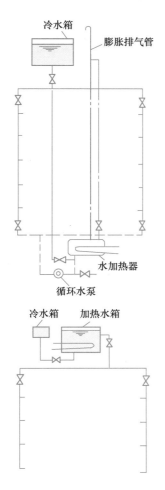

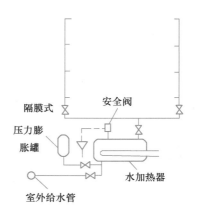

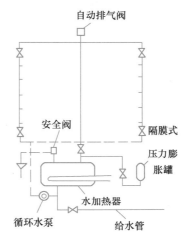

图 5-3 开式热水供水方式　　　　　图 5-4 闭式热水供水方式

（三）全循环、半循环与无循环

按热水管网的循环方式不同，有全循环、半循环、无循环热水供水方式之分，如图 5-5 所示。全循环供水方式是指所有配水干管、立管和分支管都设有回水管道，可以保证配水管网任意点的水温。该方式适用于建筑标准较高的宾馆、饭店、高级住宅等。

半循环供水方式又有立管循环和干管循环之分。立管循环是指热水干管和立管内均有热水循环，打开配水龙头时只需放掉支管中少量的存水就能获得热水；干管循环是指仅保持干管内的水循环，在供应热水前，先用循环泵把干管中已冷却的存水循环加热，当打开配水龙头时只需放掉立管和支管内的冷水就可流出符合要求的热水。

无循环供水方式是指在热水管网中不设任何循环管道。对于系统较小、使用要求不高的定时热水供应系统（如公共浴室、洗衣房等）可采用此方式。

（四）自然循环与机械循环

按热水管网循环动力不同，可分为自然循环方式和机械循环方式。自然循环方式是利用热水供水温度与回水温度不同而造成的密度差所产生的热虹吸压头进行循环。因水温差仅为 5～10℃，自然循环作用水头值很小，所以实际中使用较少。

119

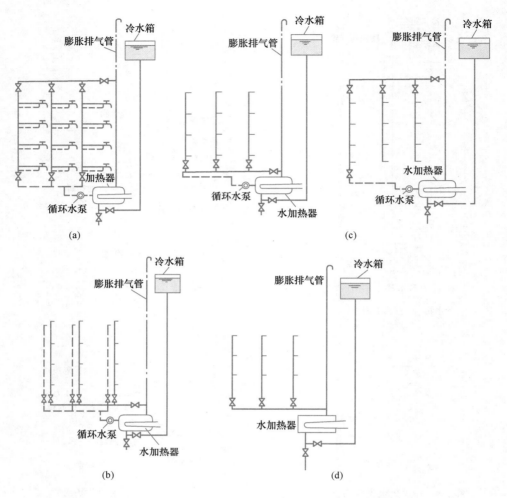

图 5-5　循环方式

（a）全循环；（b）立管循环；（c）干管循环；（d）无循环

机械循环方式是利用循环水泵强制一部分循环水量在热水管网内循环。集中热水供应系统应采用机械循环方式。

（五）下行式与上行式、同程式与异程式、倒流式

按热水配水管网水平干管的位置不同，可分为下行（上给）供水方式和上行（下给）供水方式。

同程式是指相对于每个热水配水点而言，配水管道与回水管道的总路程基本相等，如图 5-6（a）所示，同程布置方式对于防止系统中热水短路循环，保证整个系统的循环效果，各用水点能随时取到所需温度的热水，对节水节能有着重要作用。集中热水供应系统的循环管路应采用同程式。

异程式是指靠近水加热器或热源的配水点，其供水管道与回水管道的总路程较短，而远离水加热器的配水点，其总路程较长，如图 5-6（b）所示。

倒置式是指水加热设备置于建筑物顶层，回水干管一般布置在建筑物的上部，如图 5-7所示。倒流布置方式可以减小水加热器的承受压力、降低冷水水箱设置高度、减小

水加热器的膨胀管的长度；但是增大建筑承重荷载，需对循环水泵进行隔振消声处理。

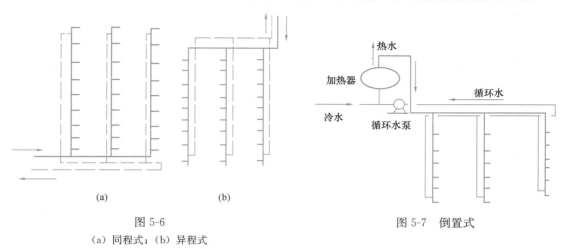

图 5-6
（a）同程式；（b）异程式

图 5-7 倒置式

四、热水供应方式的选择

热水供水方式应根据建筑物用途、热源供给、热水用量和卫生器具布置等进行技术和经济比较后确定。如：图 5-1 为蒸汽间接加热、机械循环、干立循环管下行上给的热水供水方式，适用于全日供应热水的大型公共建筑或工业建筑。图 5-8 为热水锅炉直接加热、机械强制半循环、干管下行上给的热水供水方式，适用于定时供应热水的公共建筑。图 5-9 为蒸汽直接加热、干管上行下给、不循环供水方式，适用于工矿企业的公共建筑、公共洗衣房等场所。

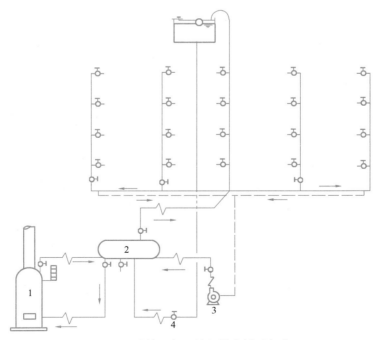

图 5-8 干管下行上给机械半循环方式
1—热水锅炉；2—热水贮藏；3—循环泵；4—给水管

121

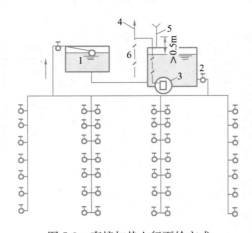

图 5-9　直接加热上行下给方式
1—冷水箱；2—加热水箱；3—消声喷射器；4—排气阀；5—透气管；6—蒸汽管

第二节　热源、加热设备及选择

一、热水供应系统的热源

集中热水供应系统的热源，可按下列顺序选择：

（1）当条件许可时，宜首先利用工业余热、废热、地热和太阳能作热源：①利用烟气、废气作热源时，烟气、废气的温度不宜低于 400℃；②以太阳能为热源的集中热水供应系统，宜附设一套电热或其他热源的辅助加热装置；③地热水资源丰富的地方应充分利用，可用其作热源，也可直接采用地热水作为生活热水。但地热水按其形成条件不同，其水温、水质、水量和水压有很大差别，设计中应采取相应的升温、降温、去除有害物质、选用合适的设备及管材、设置储存调节容器、加压提升等技术措施，以保证地热水的安全合理利用。

（2）选择能保证全年供热的热力管网为热源。如热力管网仅供暖期运行，应经比较后确定。采用热力管网为热源时，宜设热网检修期用的备用热源。

（3）选择区域锅炉房或附近能充分供热的锅炉房的蒸汽或高温水作热源。

（4）当上述条件不存在、不可能或不合理时，可采用专用的蒸汽或热水锅炉制备热源，也可采用燃油、燃气热水机组或电蓄热设备制备热源或直接供给生活热水。

局部热水供应系统的热源，宜因地制宜，采用太阳能、电能、燃气、蒸汽等。采用电能为热源时，宜采用贮热式电热水器以降低耗电功率。

利用废热（废气、烟气、高温无毒废液等）作为热媒时，应采取下列措施：①加热设备应防腐，其构造便于清理水垢和杂物；②防止热煤管道渗漏而污染水质；③消除废气压力波动和除油。

升温后的冷却水，原水水质应符合现行国家标准《生活饮用水卫生标准》GB 5749 的规定，生活热水的水质应符合现行行业标准《生活热水水质标准》CJ/T 521 的规定，可作为生活用热水。

采用蒸汽直接通入水中或采取汽水混合设备的加热方式时，宜用于开式热水供应系统，并应符合下列规定：①蒸汽中不得含油质及有害物质；②加热时应采用消声混合器，所产生的噪声应符合现行国家标准《声环境质量标准》GB 3096 的规定；③应采取防止热水倒流至蒸汽管道的措施。

二、局部加热设备

（一）燃气热水器

燃气热水器的热源有天然气、焦炉煤气、液化石油气和混合煤气等四种。依照燃气压力有低压（$P \leqslant 5kPa$）、中压（$5 < P \leqslant 150kPa$）热水器之分。民用和公共建筑中生活所用燃气热水器一般均为低压，工业企业生产所用燃气热水器可采用中压。此外，按加热冷水方式不同，燃气热水器有直流快速式和容积式之分，直流快速式燃气热水器一般安装在用水点就地加热，可随时点燃并可立即取得热水，供一个或几个配水点使用，常用于家庭、浴室、医院手术室等局部热水供应。容积式燃气热水器具有一定的贮水容积，使用前应预先加热，可供几个配水点或整个管网供水，可用于住宅、公共建筑和工业企业的局部和集中热水供应。

（二）电热水器

电热水器是把电能通过电阻丝变为热能加热冷水的设备，一般以成品在市场上销售。电热水器产品有快速式和容积式两种。快速式电热水器无贮水容积或贮水容积很小，不需在使用前预先加热，在接通水路和电源后即可得到被加热的热水。该类热水器具有体积小、重量轻、热损失小、效率高、容易调节水量和水温、使用安装简便等优点，但功率大，尤其在一些缺电地区使用受到限制。目前市场上该种热水器种类较多，适合家庭和工业、公共建筑单个热水供应点使用。

容积式电热水器具有一定的贮水容积，其容积由 10L 到 $10m^3$。该热水器在使用前需预先加热，可同时供应几个热水用水点在一段时间内使用，具有用电功率较小、管理集中的优点。但其配水管段比快速式热水器长，热损失也较大。一般适用于局部供水和管网供水系统。容积式电热水器构造见图 5-10。

（三）太阳能热水器

太阳能热水器是将太阳能转换成热能并将水加热的装置。其优点是：结构简单、维护方便、节省燃料、运行费用低、不存在环境污染问题。其缺点是：受天气、季节、地理位置等

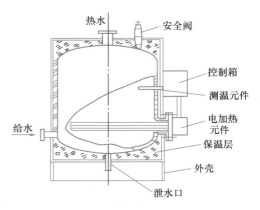

图 5-10 容积式电热水器

影响不能连续稳定运行，为满足用户要求需配置贮热和辅助加热措施、占地面积较大，布置受到一定的限制。

太阳能热水器按组合形式分有装配式和组合式两种。装配式太阳能热水器一般为小型热水器，即将集热器、贮热水箱和管路由工厂装配出售，适于家庭和分散使用场所。组合式太阳能热水器是将集热器、贮热水箱、循环水泵、辅助加热设备组成，适用于大面积供应热水系统和集中供应热水系统。

太阳能热水器按热水循环系统分为自然循环和机械循环两种。自然循环太阳能热水器是靠水温差产生的热虹吸作用进行水的循环加热，该种热水器运行安全可靠、不需用电和专人管理，但贮热水箱必须装在集热器上面，同时使用的热水会受到时间和天气的影响，见图 5-11。机械循环太阳能热水器是利用水泵强制水进行循环的系统。该种热水器贮热水箱和水泵可放置在任何部位，系统制备热水效率高，产水量大。为克服天气对热水加热的影响，可增加辅助加热设备，如煤气加热、电加热和蒸气加热等措施，适用于大面积和集中供应热水场所，如图 5-12 和图 5-13 所示。

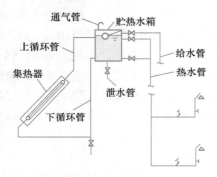

图 5-11　自然循环太阳能热水器

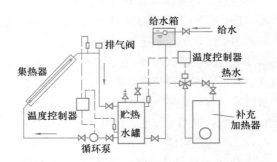

图 5-12　直接加热机械循环太阳能热水器

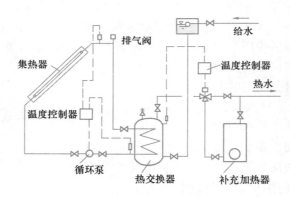

图 5-13　间接加热机械循环太阳能热水器

三、集中热水供应系统的加热设备

（一）小型锅炉

集中热水供应系统采用的小型锅炉有燃煤、燃油和燃气三种。

燃煤锅炉有立式和卧式两类。立式锅炉有横水管、横火管（考克兰）、直水管、弯水管之分；卧式锅炉有外燃回水管、内燃回火管（兰开夏）、快装卧式内燃等几种。图 5-14 为快装卧式内燃（KZG 型）锅炉的构造示意图，该锅炉具有热效率较高、体积小和安装简单等优点，并可气水两用。燃煤锅炉使用燃料价格低，运行成本低，但存在烟尘和煤渣对环境的污染问题，不适宜安装在建筑设备层内。

燃油（燃气）锅炉的构造示意见图 5-15。该锅炉通过燃烧器向正在燃烧的炉膛内喷射雾状油（或通入煤气），燃烧迅速，且比较完全，具有构造简单，体积小，热效率高，

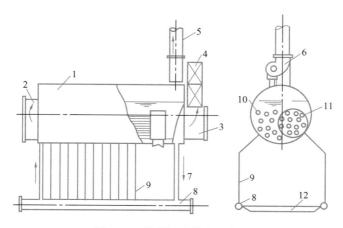

图 5-14　快装锅炉构造示意图

1—锅炉；2—前烟箱；3—后烟箱；4—省煤器；5—烟囱；6—引风机；
7—下降管；8—联箱；9—鳍片式水冷壁；10—第 2 组烟管；11—第 1
组烟管；12—炉壁

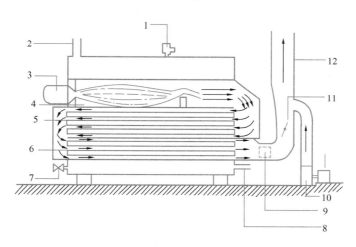

图 5-15　燃油（燃气）锅炉构造示意图

1—安全阀；2—热煤出口；3—油（煤气）燃烧器；4—一级加热管；5—二级
加热管；6—三级加热管；7—泄空阀；8—回水（或冷水）入口；9—导流器；
10—风机；11—风挡；12—烟道

排污总量少的优点。对环境有一定要求的建筑物可考虑选用。

（二）水加热器

集中热水供应系统中常用的水加热器有容积式、快速式、半容积式和半即热式水加热器。

1. 容积式水加热器

容积式水加热器是内部设有热媒导管的热水贮存容器，具有加热冷水和贮备热水两种功能，热媒为蒸汽或热水，有卧式、立式之分。常用的容积式水加热器有传统的 U 形管型容积式水加热器和导流型容积式水加热器。图 5-16 为 U 形管型卧式容积式水加热器构造示意图，其容积为 $0.5\sim15m^3$，换热面积为 $0.86\sim50.82m^2$，共有 10 种型号。这种水

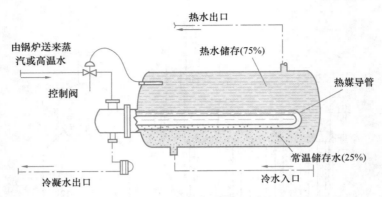

图 5-16　容积式水加热器（卧式）

加热器在过去使用较为普遍，其主要参数见附录 5-1 和附录 5-2。

U 形管型容积式水加热器的最大优点是具有较大的储存和调节能力，可提前加热，热媒负荷均匀，出水温度较稳定，对温度自动控制的要求较低，被加热水通过时压力损失较小，用水点处压力变化平稳，管理比较方便。它的缺点是体积大、占地多、传热系数低。由于被加热水流速缓慢，在热媒导管中心线以下约有 20％～25％ 的贮水容积是低于规定水温的常温水或冷水，所以贮罐的容积利用率较低。可以把这种层叠式的加热方式称为"层流加热"。此外，由于局部区域水温合适、供氧充分、营养丰富，因此容易滋生军团菌，造成水质生物污染。

导流型容积式水加热器是传统型的改进，图 5-17 为 RV 系列导流型容积式水加热器

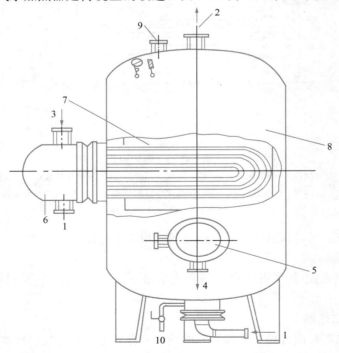

图 5-17　RV 型容积式水加热器构造示意图

1—进水管；2—出水管；3—热媒进口；4—热媒出口；5—下盘管；6—导流装置；7—U 形盘管；8—罐体；9—安全阀；10—排污口

的构造示意图。该水加热器具有多行程列管和导流装置，在保持传统型容积式水加热器优点的基础上，克服了其被加热水无组织流动、冷水区域大、产水量低等缺点，贮罐的有效贮热容积约为85%～90%。

2. 快速式水加热器

针对容积式水加热器中"层流加热"的弊端，出现了"紊流加热"理论：即通过提高热媒和被加热水的流动速度，来提高热媒对管壁、管壁对被加热水的传热系数，以改善传热效果。快速式水加热器就是热媒与被加热水通过较大速度的流动进行快速换热的一种间接加热设备。

根据热媒的不同，快速式水加热器有汽—水和水—水两种类型，前者热媒为蒸汽，后者热媒为过热水；根据加热导管的构造不同，又有单管式、多管式、板式、管壳式、波纹板式、螺旋板式等多种形式。图5-18所示为多管式汽—水快速式水加热器，图5-19所示为单管式汽—水快速式水加热器，它可

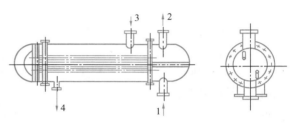

图5-18　多管式汽—水快速式水加热器

1—冷水；2—热水；3—蒸汽；4—凝水

以多组并联或串联。这种水加热器是将被加热的水通入导管内，使热媒（即蒸汽）在壳体内对其加热。

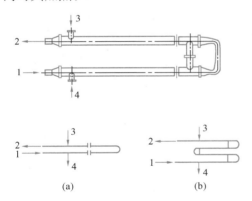

图5-19　单管式汽—水快速式水加热器

（a）并联；（b）串联

1—冷水；2—热水；3—蒸汽；4—凝结水

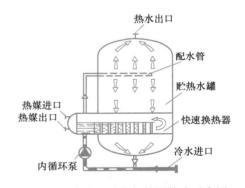

图5-20　半容积式水加热器构造示意图

快速式水加热器具有效率高，体积小，安装搬运方便的优点，缺点是不能储存热水，水头损失大，在热媒或被加热水压力不稳定时，出水温度波动较大，仅适用于用水量大且较均匀的热水供应系统或热水供暖系统。

3. 半容积式水加热器

半容积式水加热器是带有适量储存与调节容积的内藏式容积式水加热器，是由英国引进的设备。其原装设备的基本构造如图5-20所示，由贮热水罐、内藏式快速换热器和内循环泵三个主要部分组成。其中贮热水罐与快速换热器隔离，被加热水在快速换热器内迅速加热后，通过热水配水管进入贮热水罐，当管网中热水用量低于设计用水量时，热水的

一部分落到贮罐底部，与补充水（冷水）一道经内循环泵升压后再次进入快速换热器加热。内循环泵的作用有三个：其一，提高被加热水的流速，以增大传热系数和换热能力；其二，克服被加热水流经换热器时的阻力损失；其三，形成被加热水的连续内循环，消除了冷水区或温水区，使贮罐容积的利用率达到100%。内循环泵的流量根据不同型号的加热器而定，其扬程在20~60kPa之间。当管网中热水用量达到设计用水量时，贮罐内没有循环水，如图5-21所示，瞬间高峰流量过后又恢复到图5-20所示的工作状态。

半容积式水加热器具有体型小（贮热容积比同样加热能力的容积式水加热器减少2/3）、加热快、换热充分、供水温度稳定、节水节能的优点，但由于内循环泵不间断地运行，需要有极高的质量保证。

图5-22所示为国内专业人员开发研制的HRV型高效半容积式水加热器装置的工作系统图，其特点是取消了内循环泵，但具有与带有内循环泵的半容积式水加热器同样的功能和特点。被加热水（包括冷水和热水系统的循环回水）进入快速换热器被迅速加热，然后先由下降管强制送至贮热水罐的底部、再向上升，以保持整个贮罐内的热水同温。当管网配水系统处于高峰用水时，热水循环系统的循环泵不启动，被加热水仅为冷水；当管网配水系统不用水或少量用水时，热水管网由于散热损失而产生温降，利用系统循环泵前的温包可以自动启动系统循环泵，将循环回水打入快速换热器内，生成的热水又送至贮热水罐的底部，依然能够保持罐内热水的连续循环，罐体容积利用率亦为100%。

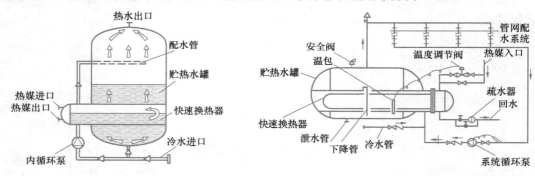

图5-21　高峰用水时工作状态　　　　图5-22　HRV型半容积式水加热器工作系统图

4. 半即热式水加热器

半即热式水加热器是带有超前控制，具有少量储存容积的快速式水加热器，其构造如图5-23所示。热媒蒸汽经控制阀和底部入口通过立管进入各并联盘管，冷凝水入立管后由底部流出，冷水从底部经孔板入罐，同时有少量冷水进入分流管。入罐冷水经转向器均匀进入罐底并向上流过盘管得到加热，热水由上部出口流出。部分热水在顶部进入感温管开口端，冷水以与热水用水量成比例的流量由分流管同时入感温管，感温元件读出瞬间感温管内的冷、热水平均温度，即向控制阀发出信号，按需要调节控制阀，以保持所需的热水输出温度。只要一有热水需求，热水出口处的水温尚未下降，感温元件就能发出信号开启控制阀，具有预测性。加热盘管内的热媒由于不断改向，加热时盘管颤动，形成局部紊流区，属于"紊流加热"，故传热系数大，换热速度快，又具有预测温控装置，所以其热水储存容量小，仅为半容积式水加热器的1/5。同时，由于盘管内外温差的作用，盘管不断收缩、膨胀，可使传热面上的水垢自动脱落。

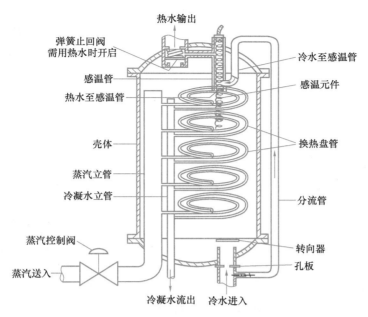

图 5-23 半即热式水加热器构造示意图

半即热式水加热器具有快速加热被加热水，浮动盘管自动除垢的优点，其热水出水温度波动一般能控制在±2.2℃内，且体积小，节省占地面积，适用于各种不同负荷需求的机械循环热水供应系统。

5. 汽水混合加热器

汽水混合加热器是一种将热媒蒸汽直接与水混合的制备热水设备，具有换热效率高、设备简单的优点，但由于不回收冷凝水，故要求水蒸汽中不能含有或混入危害人体健康的物质。这类设备由加盖的矩形或圆形开式水箱内设多孔排管组成。图 5-24 为市场上销售的一种汽水混合加热器安装示意图。

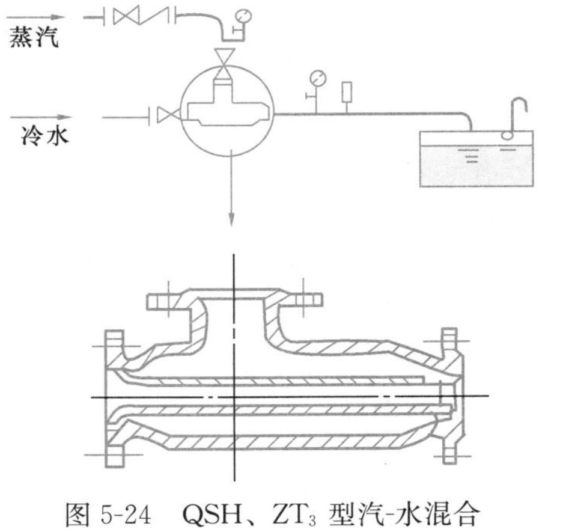

6. 加热水箱和热水贮水箱（罐）

加热水箱是一种简单的热交换设备。在水箱中安装蒸汽多孔管或蒸汽喷射器，可构成直接加热水箱。在水箱内安装排管或盘管即构成间接加热水箱。加热水箱适用于公共浴室等用水量大而均匀的定时热水供应系统。

热水贮水箱（罐）是一种专门调节热水量的容器。可在用水不均匀的热水供应系统中设置，以调节水量，稳定出水温度。

图 5-24 QSH、ZT₃ 型汽-水混合加热器及安装示意图

四、加热设备的选择

（一）选用局部热水供应设备时，应符合下列要求：

应综合考虑热源条件、建筑物性质、安装位置、安全要求及设备性能特点等因素。需同时供给多个卫生器具或设备热水时，宜选用带贮热容积的加热设备。

当地太阳能资源充足时，宜选用太阳能热水器或太阳能辅以电加热的热水器。

热水器不应安装在堆放易燃物或对燃气管、表或电气设备产生影响及有腐蚀性气体和灰尘多的地方。

燃气热水器、电热水器必须带有保证使用安全的装置。严禁在浴室内安装直接排气式燃气热水器等在使用空间内积聚有害气体的加热设备。

（二）集中热水供应系统的加热设备应根据用户使用特点、耗热量、热源、维护管理及卫生防菌等因素选择，并符合下列要求：

（1）热效率高，换热效果好、节能、节省设备用房；

（2）生活热水侧阻力损失小，有利于整个系统冷、热水压力的平衡；

（3）安全可靠、构造简单、操作维修方便。

具体选择水加热设备时，应遵循下列原则：①当采用自备热源时，宜采用直接供应热水的燃气、燃油等燃料的热水机组，亦可采用间接供应热水的自带换热器的热水机组或外配容积式、半容积式水加热器的热水机组；②热水机组除满足前述基本要求外，还应具备燃料燃烧完全、消烟除尘、自动控制水温、火焰传感、自动报警等功能；③当采用蒸汽、高温水为热煤时，应结合用水的均匀性、给水水质硬度、热媒的供应能力、系统对冷热水压力平衡稳定的要求、设备所带温控安全装置的灵敏度、可靠性等，经综合技术经济比较后选择间接水加热设备；④当热源为太阳能时，宜采用热管或真空管太阳能热水器；⑤在电源供应充沛的地方可采用电热水器。

（三）选用间接水加热设备时，应注意它们不同的适用条件。

1. 容积式水加热器

热媒供应不能满足最大小时耗热量时采用。由于容积式水加热器的调节容积大，对温控阀的要求较低（温控阀的精度为±5℃）；要求有不小于 30～40min 最大小时耗热量的贮热容积，供水可靠性及供水水温、水压的平衡度较高；设备用房占地面积大。

2. 半容积式水加热器

半容积式水加热器适用于热媒供应较充足，能满足最大小时耗热量的场所。由于它的调节容积不大，对温控阀的要求高于容积式（温控阀的精度为±4℃）；要求有不小于 15min 最大小时耗热量的贮热容积，供水可靠性及供水水温、水压的平衡度都较好；设备用房占地面积较大。

3. 半即热式水加热器

半即热式水加热器适用于热媒充足，能满足设计秒流量所需耗热量的条件下。热媒为蒸汽时，其最低工作压力不小于 0.15MPa，且供汽压力稳定。由于它的调节容积很小，对温控阀的要求高（温控阀的精度要求为±3℃）。要求设置防止超温、超压的安全装置；设备用房占地面积较小。

4. 快速式水加热器

快速式水加热器适用于用水量使用较为均匀的系统。冷水水质总硬度低，宜小于150mg/L（以 $CaCO_3$ 计）。系统中应设置贮热设备。

（四）医院热水供应系统的水加热设备应按下列规定选择：

医院建筑不得采用有滞水区的容积式水加热器。

锅炉和水加热器不得少于两台，一台检修时，其余的总供热能力不得小于设计小时耗热量的 50%。

第三节 热水供应系统管材、附件及管道的布置与敷设

一、热水供应系统的管材和管件

热水供应系统的管材和管件，应符合现行产品标准的要求，管道的工作压力和工作温度不得大于产品标准标定的允许工作压力和工作温度。

热水管道应选用耐腐蚀、安装连接方便可靠、符合饮用水卫生要求的管材。一般可采用薄壁铜管、薄壁不锈钢管、塑料热水管、塑料和金属复合热水管等。住宅入户管采用敷设在垫层内时可采作聚丙烯（PP-R）管、聚丁烯（PB）管、交联聚乙烯（PEX）管等软管。

当选用塑料热水管或塑料和金属复合热水管材时，除符合产品标准外，还应符合：（1）管道的工作压力应按相应温度下的允许工作压力选择；（2）管件宜采用和管道相同的材质；（3）定时供应热水的系统因其水温周期性变化大，不宜采用对温度变化较敏感的塑料热水管；（4）设备机房内的管道不应采用塑料热水管。

二、热水供应系统的附件

（一）自动温度调节装置

在水加热设备的热媒管道上应装设自动温度调节装置来控制出水温度，以实现节能节水、满足安全供水。自动调温装置有直接式和电动式两种类型。

直接式自动调温装置由温包、感温原件和自动调节阀组成，其安装方法如图 5-25（a），温度调节阀必须垂直安装，温包内装有低沸点液体，插装在水加热器出口的附近，感受热水温度的变化，产生压力升降，并通过毛细导管传至调节阀，通过改变阀门开启度来调节进入加热器的热媒流量，起到自动调温的作用。

电动式自动调温装置由温包、电触点压力式温度计、电动调节阀和电气控制装置组成，其安装方法如图 5-25（b）。温包插装在水加热器出口的附近，感受热水温度的变化，产生压力升降，并传导到电触点压力式温度计。电触点压力式温度计内装有所需温度控制范围内的上下两个触点，例如 60～70℃。当加热器的出水温度过高，压力表指针与70℃触点接通，电动调节阀门关小。当水温降低，压力表指针与60℃触点接通，电动调节阀门开大。如果水温符合在规定范围内，压力表指针处于上下触点之间，电动调节阀门停止动作。

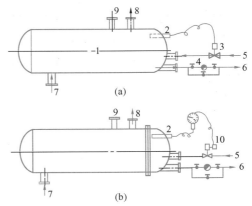

图 5-25 自动温度调节器安装示意图

（a）直接式温度调节；（b）间接式自动温度调节

1—加热设备；2—温包；3—自动调节阀；4—疏水器；5—蒸汽；6—凝结水；7—冷水；8—热水；9—安全阀；10—电动调节阀

（二）疏水器

热水供应系统以蒸汽作热媒时，为及时

排放凝结水，并防止蒸汽漏失，应在每台用汽设备（如水加热器、开水器等）的凝结水回水管上装设疏水器。只有当水加热器的换热能确保凝结水回水温度不大于 80℃时，可不装疏水器。疏水器宜设在蒸汽立管最低处、蒸汽管下凹处，并尽量靠近用汽设备，安装高度应低于设备或蒸汽管道底部 150mm 以上，以便凝结水排出。

疏水器的安装方式如图 5-26 所示。

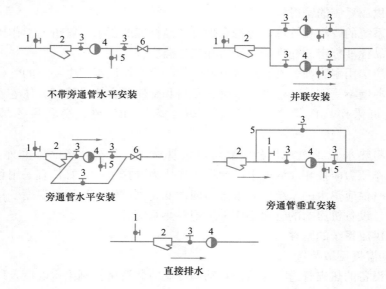

图 5-26　疏水器的安装方式

1—冲洗管；2—过滤器；3—截止阀；4—疏水器；5—检查管；6—止回阀

（三）减压阀

加热器以蒸汽为热媒时，若蒸汽管道供应的压力有可能大于水加热器的需求压力，应在蒸汽管道上设置减压装置。减压阀是利用流体通过阀瓣产生阻力而减压并达到所求值的自动调节阀，其阀后压力可在一定范围内进行调整。

减压阀应安装在水平管段上，阀体应保持垂直。阀前、阀后均应安装闸阀和压力表，阀后应装设安全阀，一般情况下还应设置旁路管，如图 5-27 所示。

选择蒸汽减压阀应根据蒸汽流量计算出所需阀孔截面积，然后查有关产品样本确定阀门公称直径。当无资料时，可按高压蒸汽管路的公称直径选用相同孔径的减压阀。蒸汽减

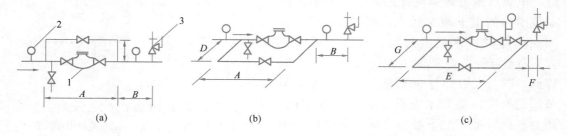

图 5-27　减压阀安装

（a）活塞式减压阀旁路管垂直安装；（b）活塞式减压阀旁路管水平安装；（c）薄膜式或波纹管减压阀的安装

1—减压；2—压力表；3—安全阀

压阀阀孔截面积可按下式计算：

$$f = \frac{G}{0.6q} \qquad (5-1)$$

式中　f——所需阀孔截面积（cm²）；

　　　G——蒸汽流量（kg/h）；

　　0.6——减压阀流量系数；

　　　q——通过每 cm² 阀孔截面的理论流量（kg/h），可按图 5-28 查得。

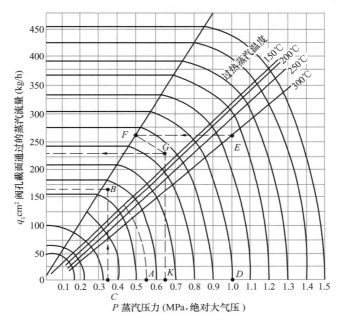

图 5-28 减压阀理论流量曲线

选择蒸汽减压阀应使减压阀的阀前与阀后绝对压力之比不应超过 5～7，超过时应串联安装两个。当阀前与阀后的压差为 0.1～0.2MPa 时，可串联安装两个截止阀进行减压。

【例 5-1】已知某容积式水加热器采用蒸汽作为热媒，蒸汽管网压力（阀前压力）$P_1=$ 0.55MPa（绝对压力），水加热器要求压力（阀后压力）$P_2 = 0.35MPa$（绝对压力），蒸汽流量 $G = 1200kg/h$，求所需减压阀阀孔截面积。

【解】按图 5-28 中 A 点（即 P_1），画等压力曲线，与 C 点（即 P_2）引出的垂线相交于 B 点，得 $q = 168kg/h$。

所需阀孔截面积：

$$f = \frac{G}{0.6q} = \frac{1200}{0.6 \times 168} = 11.90cm^2$$

【例 5-2】过热蒸汽温度为 300℃，$G = 800kg/h$，$P_1 = 1.0MPa$（绝对压力），$P_2 = 0.65MPa$（绝对压力），求所需减压阀阀孔截面积。

【解】按图 5-28 中 D 点（即 P_1）引垂线与 300℃ 的过热蒸汽线相交于 E 点，自 E 点引水平线与标线相交于 F，自 K 点（即 P_2）引垂线与 F 点的等压力曲线相交于 G 点，即得 $q = 230kg/h$。

所需阀孔截面积：

$$f = \frac{G}{0.6q} = \frac{800}{0.6 \times 230} = 5.80 \text{cm}^2$$

（四）排气阀、泄水装置、压力表

为排除热水管道系统中热水汽化产生的气体（溶解氧和二氧化碳），以保证管内热水畅通，防止管道腐蚀，上行下给式系统的配水干管最高处及向上抬高的管段应设自动排气阀，阀下设检修用阀门。下行上给式系统可利用最高配水点放气，当入户支管上有分户计量表时，应在各供水立管顶设自动排气阀。

在热水管道系统的最低点及向下凹的管段应设泄水装置或利用最低配水点泄水，以便于在维修时放空管道中存水。

密闭系统中的水加热器、贮水器、锅炉、分汽缸、分水器、集水器等各种承压设备，以及热水加压泵、循环水泵的出水管上均应装设压力表，以便操作人员观察其运行工况，做好运行记录，并可以减少和避免一些偶然的不安全事故。

（五）膨胀管、膨胀水罐和安全阀

在集中热水供应系统中，冷水被加热后水的体积将发生膨胀。如果热水系统是密闭的，在卫生器具不用水时，必然会增加系统的压力，有胀裂管道的危险，因此需要设置膨胀管、安全阀或膨胀水罐。

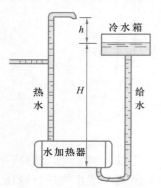

图 5-29　膨胀管安装高度计算用图

1. 膨胀管与膨胀水箱

膨胀管与膨胀水箱一般设置于由高位冷水箱向水加热器供应冷水的开式热水系统。

当热水系统由生活饮用高位冷水箱补水时，不得将膨胀管引至高位冷水箱上空，以防止热水系统中的水体升温膨胀时，将膨胀的水量返至生活用冷水箱，引起该水箱内水体的热污染。通常可将膨胀管引入同一建筑物内的膨胀水箱的上空。膨胀水箱可由中水供水箱、专用消防供水箱（不与生活用水共用的消防水箱）等非生活饮用水箱代替。

膨胀管出口离接入水箱水面的高度不少于 100mm，设置高度按下式计算（如图 5-29 所示）：

$$h = H\left(\frac{\rho_l}{\rho_r} - 1\right) \tag{5-2}$$

式中　h——膨胀管高出生活饮用高位水箱水面的垂直高度（m）；

H——锅炉、水加热器底部至生活饮用高位水箱水面的高度（m）；

ρ_l——冷水密度（kg/m³）；

ρ_r——热水密度（kg/m³）。

【例 5-3】某建筑水加热器底部至生活饮用水高位水箱水面的高度为 5.0m，冷水的密度为 0.9997kg/L，热水的密度为 0.9832kg/L，则膨胀管高出生活饮用水高位水箱水面多少？

【解】将已知条件代入公式（5-2），有：

$$h = H \frac{\rho_l}{\rho_r} - 1 = 5 \times \left(\frac{0.9997}{0.9832} - 1 \right) = 0.08\text{m}$$

因为膨胀管出口离接入水箱水面的高度不少于100mm，故膨胀管的高度为0.1m。

对多台锅炉或水加热器，宜分设膨胀管。膨胀管上严禁装设阀门。膨胀管的最小管径按表5-1确定。膨胀管上如有冻结可能时，应采取保温措施。

膨胀管的最小管径   表5-1

锅炉或水加热器的传热面积（m²）	<10	≥10 且<15	≥15 且<20	≥20
膨胀管最小管径（mm）	25	32	40	50

热水供水系统上如设置膨胀水箱，其容积应按式（5-3）计算：

$$V_p = 0.0006 \Delta t V_s \tag{5-3}$$

式中　V_p——膨胀水箱有效容积（L）；

Δt——系统内水的最大温差（℃）；

V_s——系统内的水容量（L）。

膨胀水箱水面高出系统冷水补给水箱水面的垂直高度按式（5-4）计算：

$$h = H \left(\frac{\rho_h}{\rho_r} - 1 \right) \tag{5-4}$$

式中　h——膨胀水箱水面高出系统冷水补给水箱水面的垂直高度（m）；

H——锅炉、水加热器底部至系统冷水补给水箱水面的高度（m）；

ρ_h——热水回水密度（kg/m³）；

ρ_r——热水供水密度（kg/m³）。

【例5-4】已知热水系统容积为1000L，热水温度为60℃，密度为0.98kg/L，冷水温度5℃，密度为1kg/L，回水温度为40℃，密度为0.99kg/L，水加热器底至冷水补给水箱的水面高度为100m，计算膨胀水箱的有效容积为多少？水面高出冷水水箱的高度约为多少？

【解】将已知条件代入公式（5-3），有：

$$V_p = 0.0006 \times \Delta t \times V_s = 0.0006 \times (60 - 5) \times 1000 = 33\text{L}$$

将已知条件代入公式（5-4），有：

$$h = H \left(\frac{\rho_h}{\rho_r} - 1 \right) = 100 \left(\frac{0.99}{0.98} - 1 \right) = 1\text{m}$$

故：膨胀水箱的有效容积为33L，水面高出冷水水箱的高度1m。

2. 膨胀水罐

闭式热水系统的最高日日用热水量大于30m³的热水系统应设置压力式膨胀罐（隔膜式或胶囊式），用以容纳贮热设备及管道内的水升温后的膨胀量，防止系统超压，保证系统安全运行。压力膨胀水罐宜设置在水加热器和止回阀之间的冷水进水管或热水回水管的分支管上。图5-30是隔膜式膨胀罐的构造示意图。

膨胀水罐总容积按式（5-5）计算：

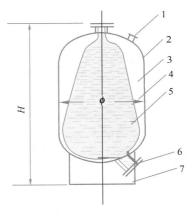

图5-30 隔膜式压力膨胀水罐

1—充气嘴；2—外壳；3—气室；4—隔膜；
5—水室；6—接管口；7—罐座

$$V_e = \frac{(\rho_f - \rho_r) P_2}{(P_2 - P_1) \rho_r} V_s \tag{5-5}$$

式中　V_e——膨胀水罐总容积（m^3）；

　　　ρ_f——加热前加热、贮热设备内水的密度，kg/m^3，相应 ρ_f 的水温可按下述情况设计计算：加热设备为单台，且为定时供应热水的系统，可按进加热设备的冷水温度 t_L 计算；加热设备为多台的全日制热水供应系统，可按最低回水温度计算，其值一般可取 40～50℃。

　　　ρ_r——热水密度（kg/m^3）；

　　　P_1——膨胀水罐处管内水的绝对压力（MPa）；

　　　P_2——膨胀水罐处管内最大允许水压力（MPa）（绝对压力）；其数值可取 $1.05P_1$；

　　　V_s——系统内热水总容积（m^3）；当管网系统不大时，V_s 可按水加热设备的容积计算。

【例 5-5】 按热水系统日用热水量为 11000L/d（60℃），密度为 0.98 kg/L，水加热器采用 2 个 3.0m^3 的容积式换热器，并设有压力式膨胀罐，管道的容积为 2000L，回水温度为 40℃，密度为 0.99kg/L，冷水温度为 5℃，密度为 1kg/L，回水管在进入换热器处的工作压力为 0.4MPa，膨胀罐的总容积为多少？

【解】 根据已知条件有：

$$P_1 = 0.4 + 0.1 = 0.5 \text{MPa}$$

$$P_2 = 1.05 \times 0.5 = 0.525 \text{MPa}$$

$$V_s = 2 \times 3 + 2 = 8 \text{m}^3$$

代入公式（5-5），则：

$$V_e = \frac{(\rho_f - \rho_r) P_2}{(P_2 - P_1) \rho_r} V_s$$

$$= \frac{(0.99 - 0.98) \times 0.525}{(0.525 - 0.5) \times 0.98} \times 8 = 1.71 \text{m}^3$$

故：膨胀罐的总容积为 1.71m^3。

3. 安全阀

闭式热水系统的最高日日用热水量小于或等于 30m^3 的热水系统可采用安全阀等泄压措施。安全阀的开启压力，一般取热水系统工作压力的 1.1 倍，但不得大于水加热器本体的设计压力。安全阀的设置位置应便于检修，应直立安装在水加热器的顶部，其排出口应设导管将排泄的热水引至安全地点。安全阀与设备之间，不得装设取水管、引气管或阀门。

（六）自然补偿管道和伸缩器

热水系统中管道因受热膨胀而伸长，为保证管网使用安全，在热水管网上应采取补偿管道温度伸缩的措施，以避免管道因为承受了超过自身所许可的内应力而导致弯曲甚至破裂。

常用的补偿管道热伸长技术措施有自然补偿和伸缩器补偿。自然补偿即利用管道敷设自然形成的 L 形或 Z 形弯曲管段，来补偿管道的温度变形。通常的做法是在转弯前后的直线段上设置固定支架，让其伸缩在弯头处补偿，如图 5-31 所示。当直线管段较长，不能依靠管路弯曲的自然补偿作用时，每隔一定的距离应设置不锈钢波纹管、多球橡胶软管等伸缩器来补偿管道伸缩量。

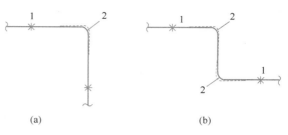

图 5-31　自然补偿管道
(a) L 形；(b) Z 形
1—固定支架；2—弯管

（七）分水器、集水器、分汽缸

多个热水、多个蒸汽管道系统或多个较大热水、蒸汽用户均宜设置分水器、分汽缸，凡设分水器、分汽缸的热水、蒸汽系统的回水管上宜设集水器。

分水器、分汽缸、集水器宜设置在热交换间，锅炉房等设备用房内以方便维修、操作。

（八）阀门与止回阀

热水管网应根据使用要求及维修条件，在下列管段上装设阀门：①与配水、回水干管连接的分干管上；②配水立管和回水立管上；③居住建筑和公共建筑中从立管接出的支管上；④室内热水管道向住户、公用卫生间等接出的配水管的起端；⑤加热设备、贮水器、自动温度调节器和疏水器等的进、出水管上。

下列管段上应装止回阀：①水加热器、贮水器的冷水供水管上，防止加热设备的升压或冷水管网水压降低时产生倒流，使设备内热水回流至冷水管网产生热污染和安全事故；②机械循环系统的第二循环回水管上，防止冷水进入热水系统，保证配水点的供水温度；③冷热水混合器的冷、热水供水管上，防止冷、热水通过混合器相互串水而影响其他设备的正常使用。

三、热水管网的布置与敷设

热水管网布置与敷设的基本原则同冷水管网，但应注意由于水温高带来的体积膨胀、管道伸缩补偿、排气和保温等问题。

热水管网有明设和暗设两种敷设方式。铜管、薄壁不锈钢管、衬塑钢管等可根据建筑、工艺要求暗设或明设。塑料热水管宜暗设，明设时立管宜布置在不受撞击处，如不可避免时，应在管外加防紫外线照射、防撞击的保护措施。

热水管道暗设时，其横干管可敷设于地下室、技术设备层、管廊、吊顶或管沟内，其立管可敷设在管道竖井或墙壁竖向管槽内，支管可埋设在地面、楼板面的垫层内，但铜管和聚丁烯管（PB）埋于垫层内宜设保护套。暗设管道在便于检修地方装设法兰，装设阀门处应留检修门，以利于管道更换和维修。管沟内敷设的热水管应置于冷水管之上，并且进行保温，热水配、回水管、热媒水管常用的保温材料为岩棉、超细玻璃棉、硬聚氨酯、橡塑泡棉等材料，蒸汽管用憎水珍珠岩管壳保温。

热水管道穿过建筑物的楼板、墙壁和基础时应加套管，以防管道膨胀伸缩移动造成管外壁四周出现缝隙，引起上层漏水至下层的事故。一般套管内径应比通过热水管的外径大 2 号，中间填沥青油膏之类的软密封防水填料。当穿过有可能发生积水的房间地面或楼板面时,其套管应高出地面50~100mm。热水管道在吊顶内穿墙时,可预留孔洞。

热水横管均应保持有不小于0.003的坡度,配水横干管应沿水流方向上升,利于管道中的气体向高点聚集,便于排放;回水横管应沿水流方向下降,便于检修时泄水和排除管内污物。这样布管还可保持配、回水管道坡向一致,方便施工安装。热水立管与横管连接时,为避免管道伸缩应力破坏管网,应采用乙字弯的连接方式。

下行上给式热水系统设有循环管道时,其回水立管应在最高配水点以下(约0.5m)与配水立管连接。上行下给式热水系统可将循环管道与各立管连接。

热水管道应设固定支架,一般设于伸缩器或自然补偿管道的两侧,其间距长度应满足管段的热伸长量不大于伸缩器所允许的补偿量。固定支架之间宜设导向支架。

室外热水管道一般为管沟内敷设,当不可能时,也可直埋敷设,其保温材料为聚氨酯硬质泡沫塑料,外做玻璃钢管壳,并做伸缩补偿处理。直埋管道的安装与敷设还应符合有关直埋供热管道工程技术规程的规定。

第四节 热水用水定额、水温及水质

一、热水用水定额

生活热水用水定额,应根据建筑的使用性质、热水水温、卫生设备完善程度、热水供应时间、当地气候条件、生活习惯和水资源情况等确定。集中供应热水时,各类建筑的热水用水定额应按表5-2确定。卫生器具的一次和小时热水用水定额及水温应按表5-3确定。

生产热水用水定额,应根据生产工艺参数确定。

热水用水定额 表5-2

序号	建筑物名称		单位	用水定额 (L)		使用时间 (h)
				最高日	平均日	
1	普通住宅	有热水器和淋浴设备	每人每日	40~80	20~60	24
		有集中热水供应(或家用热水机组)和淋浴设备		60~100	25~70	
2	别墅		每人每日	70~110	30~80	24
3	酒店式公寓		每人每日	80~100	65~80	24
4	宿舍	居室内设卫生间	每人每日	70~100	40~55	24或定时供应
		设公用盥洗卫生间		40~80	35~45	
5	招待所、培训中心、普通旅馆	设公用盥洗室	每人每日	25~40	20~30	24或定时供应
		设公用盥洗室、淋浴室		40~60	35~45	
		设公用盥洗室、淋浴室、洗衣室		50~80	45~55	
		设单独卫生间、公用洗衣室		60~100	50~70	
6	宾馆客房	旅客	每床位每日	120~160	110~140	24
		员工	每人每日	40~50	35~40	8~10

续表

序号	建筑物名称		单位	用水定额（L）		使用时间（h）
				最高日	平均日	
7	医院住院部	设公用盥洗室	每床位每日	60～100	40～70	24
		设公用盥洗室、淋浴室		70～130	65～90	
		设单独卫生间		110～200	110～140	
		医务人员	每人每班	70～130	65～90	8
	门诊部、诊疗所	病人	每病人每次	7～13	3～5	8～12
		医务人员	每人每班	40～60	30～50	8
		疗养院、休养所住房部	每床每位每日	100～160	90～110	24
8	养老院、托老所	全托	每床位每日	50～70	45～55	24
		日托		25～40	15～20	10
9	幼儿园、托儿所	有住宿	每儿童每日	25～50	20～40	24
		无住宿		20～30	15～20	10
10	公共浴室	淋浴	每顾客每次	40～60	35～40	12
		淋浴、浴盆		60～80	55～70	
		桑拿浴（淋浴、按摩池）		70～100	60～70	
11	理发室、美容院		每顾客每次	20～45	20～35	12
12	洗衣房		每公斤干衣	15～30	15～30	8
13	餐饮业	中餐酒楼	每顾客每次	15～20	8～12	10～12
		快餐店、职工及学生食堂		10～12	7～10	12～16
		酒吧、咖啡厅、茶座、卡拉OK房		3～8	3～5	8～18
14	办公室	坐班制办公	每人每班	5～10	4～8	8～10
		公寓式办公	每人每日	60～100	25～70	10～24
		酒店式办公		120～160	55～140	24
15	健身中心		每人每次	15～25	10～20	8～12
16	体育场（馆）	运动员淋浴	每人每次	17～26	15～20	4
17	会议厅		每座位每次	2～3	2	4

注：1. 表内所列用水定额均已包括在生活给水用水定额中。

2. 本表以60℃热水水温为计算温度，卫生器具的使用水温见表5-3。

3. 学生宿舍使用IC卡计费用热水时，可按每人每日最高日用水定额25～30L、平均日用水定额20～25L。

4. 表中平均日用水定额仅用于计算太阳能热水系统集热器面积和计算节水用水量。

卫生器具的一次和小时热水用水定额及水温 表5-3

序号	卫生器具名称		一次用水量（L）	小时用水量（L）	使用水温（℃）
1	住宅、旅馆、别墅、宾馆、酒店式公寓	带有淋浴器的浴盆	150	300	40
		无淋浴器的浴盆	125	250	

续表

序号	卫生器具名称			一次用水量（L）	小时用水量（L）	使用水温（℃）
1	住宅、旅馆、别墅、宾馆、酒店式公寓	淋浴器		70～100	140～200	37～40
		洗脸盆、盥洗槽水嘴		3	30	30
		洗涤盆（池）		—	180	50
2	宿舍、招待所、培训中心	淋浴器	有淋浴小间	70～100	210～300	37～40
			无淋浴小间	—	450	
		盥洗槽水嘴		3～5	50～80	30
3	餐饮业	洗涤盆（池）			250	50
		洗脸盆	工作人员用	3	60	30
			顾客用	—	120	
		淋浴器		40	400	37～40
4	幼儿园、托儿所	浴盆	幼儿园	100	400	35
			托儿所	30	120	
		淋浴器	幼儿园	30	180	
			托儿所	15	90	
		盥洗槽水嘴		15	25	30
		洗涤盆（池）		—	180	50
5	医院、疗养院、休养所	洗手盆			15～25	35
		洗涤盆（池）		—	300	50
		淋浴器			200～300	37～40
		浴盆		125～150	250～300	40
6	公共浴室	浴盆		125	250	40
		淋浴器	有淋浴小间	100～150	200～300	37～40
			无淋浴小间	—	450～540	
		洗脸盆		5	50～80	35
7	办公楼	洗手盆		—	50～100	35
8	理发室、美容院	洗脸盆			35	35
9	实验室	洗脸盆			60	50
		洗手盆		—	15～25	30
10	剧场	淋浴器		60	200～400	37～40
		演员用洗脸盆		5	80	35
11	体育场馆	淋浴器		30	300	35
12	工业企业生活间	淋浴器	一般车间	40	360～540	37～40
			脏车间	60	180～480	40
		洗脸盆	一般车间	3	90～120	30
		盥洗槽水嘴	脏车间	5	100～500	35
13	净身器			10～15	120～180	30

注：1. 一般车间指现行标准《工业企业设计卫生标准》GBZ 1 中规定的 3 级、4 级卫生特征的车间，脏车间指该标准中规定的 1 级、2 级卫生特征的车间。

2. 学生宿舍等建筑的淋浴间，当使用 IC 卡计费用水时，其一次用水量和小时用水量可按表中数值的 25%～40% 取值。

二、热水水温

冷水计算温度是指热水供应系统所用冷水的计算温度，应以当地最冷月平均水温资料确定。当无水温资料时，可按表 5-4 采用。

冷水计算温度　　　　　　　　　　　　　　　　　表 5-4

地区	地面水温度（℃）	地下水温度（℃）
黑龙江、吉林、内蒙古的全部，辽宁的大部分，河北、山西、陕西偏北部分，宁夏偏东部分	4	6～10
北京、天津、山东全部，河北、山西、陕西的大部分，河南北部，甘肃、宁夏、辽宁的南部，青海偏东和江苏偏北的一小部分	4	10～15
上海、浙江全部，江西、安徽、江苏的大部分，福建北部，湖南、湖北东部，河南南部	5	15～20
广东、台湾全部，广西大部分，福建、云南的南部	10～15	20
重庆、贵州全部，四川、云南的大部分，湖南、湖北的西部，陕西和甘肃秦岭以南地区，广西偏北的一小部分	7	15～20

热水（供水）温度，是指热水供应设备（如热水锅炉、水加热器）的出口温度。最低供水温度，应保证热水管网最不利配水点的水温不低于使用水温要求，一般不低于 55℃。最高供水温度，应便于使用，过高的供水温度虽可增加蓄热量，减少热水供应量，但也会增大加热设备和管道的热损失，增加管道腐蚀和结垢的可能性，并易引发烫伤事故。根据水质处理情况，水加热设备出水温度和配水点最低水温可按表 5-5 采用。

集中热水供应系统的水加热设备出水温度和配水点最低水温　　　　表 5-5

类型		水加热设备出水温度	配水点最低水温
进入水加热设备的冷水总硬度（以碳酸钙计）小于 120mg/L		最高出水温度≤70℃	46℃
进入水加热设备的冷水总硬度（以碳酸钙计）大于或等于 120mg/L 时		最高出水温度≤60℃	
医院、疗养所等建筑	系统不设灭菌消毒设施	60～65℃	
	系统设灭菌消毒设施	55～60℃	
其他建筑	系统不设灭菌消毒设施	55～60℃	
	系统设灭菌消毒设施	50～55℃	

热水水温按其使用性质，可分为盥洗用、沐浴用和洗涤用，其相应的所需水温参见表 5-6。

盥洗用、沐浴用和洗涤用的热水水温　　　　　　　　表 5-6

用水对象	热水水温（℃）
盥洗用（包括洗脸盆、盥洗槽、洗手盆用水）	30～35
沐浴用（包括浴盆、淋浴器用水）	37～40
洗涤用（包括洗涤盆、洗涤池用水）	≈50

三、热水水质

生活热水的原水水质应符合现行国家标准《生活饮用水卫生标准》GB 5749 的规定，生活热水的水质应符合现行行业标准《生活热水水质标准》CJ/T 521 的规定。

生产用热水的水质，应根据生产工艺要求确定。

集中热水供应系统的原水水处理，应根据水质、水量、水温、水加热设备的构造、使用要求等因素，经技术经济比较按下列条件确定：（1）洗衣房日用热水量（按60℃计）大于或等于10m³且原水总硬度（以碳酸钙计）大于300mg/L时，应进行水质软化处理；原水总硬度（以碳酸钙计）为150～300mg/L时，宜进行水质软化处理；（2）其他生活日用热水量（按60℃计）大于或等于10m³且原水总硬度（以碳酸钙计）大于300mg/L时，宜进行水质软化或稳定处理；（3）经软化处理后的水质总硬度宜为：洗衣房用水：50～100mg/L；其他用水：75～120mg/L；（4）水质稳定处理应根据水的硬度、适用流速、温度、作用时间或有效长度及工作电压等选择合适的物理处理或化学稳定剂处理方法；（5）系统对溶解氧控制要求较高时，宜采取除氧措施。

第五节 热水量、耗热量和热媒耗量的计算

热水量、耗热量和热媒耗量是热水供应系统中选择设备和管网计算的主要依据。

一、设计小时耗热量

（一）全日集中热水供应的宿舍（居室内设卫生间）、住宅、别墅、酒店式公寓、招待所、培训中心、旅馆、宾馆的客房（不含员工）、医院住院部、养老院、幼儿园、托儿所（有住宿）、办公楼等建筑的集中热水供应系统的设计小时耗热量应按下式计算：

$$Q_\mathrm{h} = K_\mathrm{h} \frac{m q_\mathrm{r} C(t_\mathrm{r} - t_l)\rho_\mathrm{r}}{T} C_\gamma \tag{5-6}$$

式中 Q_h——设计小时耗热量（kJ/h）；

      m——用水计算单位数（人数或床位数）；

      q_r——热水用水定额［L/（人·d）或L/（床·d）］，按表5-2中最高日用水定额采用；

      t_r——热水温度（℃），$t_\mathrm{r}=60$℃；

      C——水的比热［kJ/（kg·℃）］，$C=4.187$kJ/（kg·℃）；

      t_l——冷水温度（℃），按表5-4取用；

      ρ_r——热水密度（kg/L）；

      T——每日使用时间（h），按表5-2取用；

      C_γ——热水供应系统的热损失系数，$C_\gamma=1.10\sim1.15$；

      K_h——小时变化系数，可按表5-7取用。

热水小时变化系数 K_h 值   表5-7

类别	住宅	别墅	酒店式公寓	宿舍（居室内设卫生间）	招待所培训中心、普通旅馆	旅馆	医院、疗养院	幼儿园、托儿所	养老院
热水用水定额[L/人（床）·d]	60～100	70～110	80～100	70～100	25～40 40～60 50～80 60～100	120～160	60～100 70～130 110～200 100～160	20～40	50～70

类别	住宅	别墅	酒店式公寓	宿舍(居室内设卫生间)	招待所培训中心、普通旅馆	旅馆	医院、疗养院	幼儿园、托儿所	养老院
使用人(床)数	100~6000	100~6000	150~1200	150~1200	150~1200	150~1200	50~1000	50~1000	50~1000
K_h	4.8~2.75	4.21~2.47	4.00~2.58	4.80~3.20	3.84~3.00	3.33~2.60	3.63~2.56	4.80~3.20	3.20~2.74

注：1. 表中热水用水定额与表 5-2 中最高日用水定额对应。

2. K_h 应根据热水用水定额高低、使用人(床)数多少取值，当热水用水定额高、使用人(床)数多时取低值，反之取高值。使用人(床)数小于或等于下限值及大于或等于上限值时，K_h 就取上限值及下限值，中间值可用定额与人(床)数的乘积作为变量内插求得。

3. 设有全日集中热水供应系统的办公楼、公共浴室等表中未列入的其他类建筑的 K_h 值可按给水的小时变化系数选值。

（二）定时集中热水供应系统，工业企业生活间、公共浴室、宿舍（设公用盥洗卫生间）、剧院化妆间、体育场（馆）运动员休息室等建筑的全日集中热水供应系统及局部热水供应系统的设计小时耗热量应按下式计算：

$$Q_h = \sum q_h C(t_{r1} - t_1)\rho_r n_o b_g C_\gamma \qquad (5\text{-}7)$$

式中　Q_h——设计小时耗热量（kJ/h）；

q_h——卫生器具热水的小时用水定额（L/h），按表 5-3 取用；

t_{r1}——使用温度（℃），按表 5-3 "使用水温"取用；

n_o——同类型卫生器具数；

b_g——同类型卫生器具的同时使用百分数。住宅、旅馆、医院、疗养院病房、卫生间内浴盆或淋浴器可按 70%~100% 计，其他器具不计，但定时连续供水时间应大于或等于 2h；工业企业生活间、公共浴室、宿舍（设公用盥洗卫生间）、剧院、体育场（馆）等浴室内的淋浴器和洗脸盆均按建筑卫生器具同时给水百分数的上限取值；住宅一户设有多个卫生间时，可按一个卫生间计算。

应用式（5-7）时应注意，由于不同类型卫生器具的使用水温不同，必须换算为统一水温后才能正确计算出设计小时热水量。换算系数可按式（5-8）计算：

$$K_r = \frac{t_h - t_l}{t_r - t_l} \cdot 100\% \qquad (5\text{-}8)$$

式中　K_r——换算系数（小时热水量占混合水量的百分数）；

t_r——热水系统供水温度（℃）；

t_h——混合后卫生器具出水温度（℃）；

t_l——冷水计算温度（℃）。

（三）具有多个不同使用热水部门的单一建筑（如旅馆内具有客房卫生间、职工公用淋浴间、洗衣房、厨房、游泳池及健身娱乐设施等多个热水用户）或多种使用功能的综合性建筑（如同一栋建筑内具有公寓、办公楼、商业用房、旅馆等多种用途），当其热水由同一热水供应系统供应时，设计小时耗热量可按同一时间内出现高峰用水的主要用水部门的设计小时耗热量加其他用水部门的平均小时耗热量计算。

二、设计小时热水量

设计小时热水量由下式计算：

$$q_{rh} = \frac{Q_h}{(t_{r2} - t_1)C\rho_r C_\gamma}$$ (5-9)

式中　q_{rh}——设计小时热水量（L/h）；

　　　t_{r2}——设计热水温度（℃）。

其他符号同前。

【例 5-6】 某住宅楼共 144 户，每户按 3.5 人计，采用全日制集中热水供应系统。热水用水定额按 80L/（人·d）计（60℃，$\rho = 0.9832$kg/L），冷水温度按 10℃ 计（$\rho = 0.9997$kg/L），每户设有两个卫生间和一个厨房，每个卫生间内设一个浴盆（带淋浴，小时用水量为 300L/h，水温 40℃，$\rho = 0.9922$kg/L，同时使用百分数为 70%）、一个洗手盆（小时用水量为 30L/h，水温 30℃，$\rho = 0.9957$kg/L，同时使用百分数为 50%）和一个大便器，厨房内设一个洗涤盆（小时用水量为 180L/h，水温 50℃，$\rho = 0.9881$kg/L，同时使用百分数为 70%）。若小时变化系数为 3.28，热损失系数 C_γ 为 1.10，则该住宅楼的设计小时耗热量为多少？

【解】

$$Q_h = K \frac{mq_r C(t_r - t_1)\rho_r}{T} C_\gamma$$

$$= 3.28 \times \frac{144 \times 3.5 \times 80 \times 4.187 \times (60 - 10) \times 0.9832}{24} \times 1.10$$

$$= 1247643.9\text{kJ/h}$$

该住宅楼的设计小时耗热量为 1247643.9 kJ/h。

【例 5-7】 某住宅楼，共 20 户，每户按 3.5 人计，采用定时集中热水供应系统，热水用水定额按 80L/（人·d）计（60℃），密度 0.98kg/L，冷水温度按 10℃ 计。每户设有二个卫生间，一个厨房。每个卫生间内设浴盆（带淋浴器）一个，小时用水量为 300L/h，水温为 40℃，0.99kg/L，同时使用百分数为 70%，洗手盆一个，小时用水量为 30L/h，水温为 30℃，同时使用百分数为 50%；大便器一个；厨房设洗涤盆一个，小时用水量为 180L/h，水温为 50℃，同时使用百分数为 70%。热损失系数 C_γ 为 1.10，则该住宅楼的设计小时耗热量为多少？

【解】

$$Q_h = \sum q_h C(t_{r1} - t_1)\rho_r n_o b_g C_\gamma$$

$$= 300 \times 4.187 \times (40 - 10) \times 0.99 \times 20 \times 0.7 \times 1.10$$

$$= 574515\text{kJ/h}$$

该住宅楼的设计小时耗热量为 574515kJ/h。

三、热媒耗量

（一）采用蒸汽直接加热时，蒸汽耗量按式（5-10）计算：

$$G_m = K \frac{Q_g}{i'' - i_r}$$ (5-10)

式中　G_m——蒸汽耗量（kg/h）；

　　　K——热媒管道热损失附加系数，$K = 1.05 \sim 1.10$；

　　　Q_g——设计小时供热量（kJ/kg）；

　　　i''——饱和蒸汽的热焓（kJ/kg）；

i_r——蒸汽与冷水混合后热水的热焓（kJ/kg），$i_r = 4.187t_r$，t_r——热水温度（℃）。

（二）采用蒸汽间接加热时，蒸汽耗量按式（5-11）计算：

$$G_m = K \frac{Q_g}{i'' - i'} \tag{5-11}$$

式中 G_m——蒸汽耗量（kg/h）；

K——热媒管道热损失附加系数，$K = 1.05 \sim 1.10$；

Q_g——设计小时供热量（kJ/kg）；

i''——饱和蒸汽的热焓（kJ/kg）；

i'——冷凝水的焓（kJ/kg），$i' = 4.187i_{mE}$。

（三）采用高温热水间接加热时，高温热水耗量按式（5-12）计算：

$$G_m = K \frac{Q_g}{(t_{mc} - t_{me})\rho_r c} \tag{5-12}$$

式中 G_m——蒸汽耗量（kg/h）；

K——热媒管道热损失附加系数，$K = 1.05 \sim 1.10$；

Q_g——设计小时供热量（kJ/kg）；

t_{mc}、t_{me}——热媒的初温、终温（℃），应由经过热工性能测定的产品样本提供。

第六节 加热、储存设备的选型计算

在集中热水供应系统中，仅起加热作用的设备有快速式水加热器；仅起储存热水作用的是贮水器；加热、储存作用兼而有之的设备有容积式水加热器和加热水箱等，其选型计算包括确定换热面积和储存容积。

一、换热面积

根据热平衡原理，制备热水所需的热量等于水加热器传递的热量，即：

$$\varepsilon \cdot K \cdot \Delta t_j \cdot F_{jr} = Q_g$$

由此导出水加热器加热面积的计算公式为：

$$F_{jr} = \frac{Q_g}{\varepsilon K \Delta t_j} \tag{5-13}$$

式中 F_{jr}——水加热器的加热面积（m²）；

Q_g——设计小时供热量（kJ/h）；

K——传热系数〔kJ/(m²·℃·h)〕；

ε——由于传热表面结垢和热媒分布不均匀影响传热效率的系数，一般采用 $0.6 \sim 0.8$；

Δt_j——热媒与被加热水的计算温度差，℃，应根据水加热器类型按式（5-14）和式（5-15）计算。

导流型容积式水加热器、半容积式水加热器：

$$\Delta t_{\mathrm{j}} = \frac{t_{\mathrm{mc}} + t_{\mathrm{mz}}}{2} - \frac{t_{\mathrm{c}} + t_{\mathrm{z}}}{2} \tag{5-14}$$

式中　t_{mc}、t_{mz}——热媒的初温和终温（℃）；

　　　t_{c}、t_{z}——被加热水的初温和终温（℃）。

快速式水加热器、半即热式水加热器：

$$\Delta t_{\mathrm{j}} = \frac{\Delta t_{\max} - \Delta t_{\min}}{\ln \dfrac{\Delta t_{\max}}{\Delta t_{\min}}} \tag{5-15}$$

式中　$\Delta t_{\max}$——热媒和被加热水在水加热器一端的最大温度差（℃）；

　　　$\Delta t_{\min}$——热媒和被加热水在水加热器另一端的最小温度差（℃）。

热媒的计算温度按下列规定：

（1）热媒为饱和蒸汽时：

热媒的初温 t_{mc}：当热媒为压力大于 70kPa 的饱和蒸汽时，t_{mc}应按饱和蒸汽温度计算；当热媒为压力小于或等于 70kPa 的饱和蒸汽时，t_{mc}应按 100℃计算；

热媒的终温 t_{mz}：应由热工性能测定的产品提供，可按 $t_{\mathrm{mz}}=50\sim90$℃。

（2）热媒为热水时：

热媒的初温 t_{mc}：应按热媒供水的最低温度计算；

热媒的终温 t_{mz}：应由热工性能测定的产品提供。当热媒初温 $t_{\mathrm{mc}}=70\sim100$℃时，可按终温 $t_{\mathrm{mz}}=50\sim80$℃计算。

（3）热媒为热力管网的热水时：

热媒的计算温度应按热力管网供回水的最低温度计算。

加热设备加热盘管的长度，按式（5-16）计算：

$$L = \frac{F_{\mathrm{jr}}}{\pi D} \tag{5-16}$$

式中　L——盘管长度（m）；

　　　D——盘管外径（m）；

　　　F_{jr}——水加热器的传热面积（m²）。

【例 5-8】某集中热水供应系统采用 2 台导流型容积式水加热器制备热水，设计参数为，设计小时供热量为 4471200kJ/h，热媒为 0.4MPa 饱和蒸汽，初温为 151.1℃，终温为 60℃，被加热水初温为 10℃，终温为 60℃，热媒与被加热水的算术温度差为 70.6℃，对数温度差为 68.5℃，传热系数为 5400kJ/(m²·℃·h)，传热影响系数为 0.8。计算每台水加热器的换热面积为多少？

【解】导流型容积式水加热器的换热面积按公式（5-13）计算，代入各值：

$$F_{\mathrm{jr}} = \frac{4471200}{0.8 \times 5400 \times 70.6} = 14.66\mathrm{m}^2$$

每台热水器的面积为：

$$\frac{F_{\mathrm{jr}}}{2} = \frac{14.66}{2} = 7.33\mathrm{m}^2$$

二、热水贮水容积

集中热水供应系统的贮水器容积，从理论上讲应根据日用热水量小时变化曲线及锅炉、加热器的工作制度和供热能力以及自动温度控制装置等因素按积分曲线计算确定。贮水器的容积多用经验法，按式（5-17）计算确定：

$$V = \frac{60TQ_h}{(t_r - t_l)C\rho_r} \tag{5-17}$$

式中　V——贮水器的贮水容积（L）；

　　　T——表5-8中规定的时间（min）；

　　　Q_h——设计小时耗热量（kJ/h）；

　　　C——水的比热，$C = 4187$J/（kg·℃）；

　　　t_r——热水温度（℃）；

　　　ρ_r——热水密度（kg/L）；

　　　t_l——冷水温度（℃）。

按公式（5-17）计算的数值应附加容积：容积式水加热器或加热水箱，冷水从下部进入，热水从上部送出，其计算容积宜附加20%～25%；有导流装置的容积式水加热器，其计算容积应附加10%～15%；半容积式水加热器或带有强制罐内水循环装置的容积式水加热器，其计算容积可不附加。

附录5-1和附录5-2为部分容积式水加热器容积、盘管型号和尺寸。

水加热器的贮热量　　　　表 5-8

加热设备	以蒸汽或95℃以上的高温水为热媒时		以95℃的低温水为热媒时	
	工业企业淋浴室	其他建筑物	工业企业淋浴室	其他建筑物
容积式水加热器或加热水箱	≥30minQ_h	≥45minQ_h	≥60minQ_h	≥90minQ_h
导流型容积式水加热器	≥20minQ_h	≥30minQ_h	≥30minQ_h	≥40minQ_h
半容积式水加热器	≥15minQ_h	≥15minQ_h	≥15minQ_h	≥20minQ_h

注：1. 半即热式、快速式水加热器的贮热容积应根据热媒的供给条件与安全、温控装置的完善程度等因素确定。

（1）当热媒可按设计秒流量供应且有完善可靠的温度自动调节和安全装置时，可不考虑贮热容积。

（2）当热媒不能保证按设计秒流量供应，或无完善可靠的温度自动调节和安全装置时，则应考虑贮热容积，贮热量宜根据热媒供应情况按导流型容积式水加热器或半容积式水加热器确定。

2. 表中Q_h为设计小时耗热量。

三、锅炉

小型建筑物的热水系统可单独选择锅炉，其小时供热量可按式（5-18）计算：

$$Q_g = (1.1 \sim 1.2)Q_h \tag{5-18}$$

式中　Q_g——锅炉小时供热量（W）；

　　　Q_h——设计小时耗热量（W）；

1.1～1.2——热水系统的热损失附加系数。

应保证锅炉的发热量大于Q_g。

第七节　热水管网的水力计算

热水管网包括配水（供水）管网、回水（循环）管网和热媒管网，其水力计算的内容目的是确定各种管网各管段的设计流量，依此确定管径和相应的水头损失；确定循环管网所需的作用压力；选择循环水泵的型号；确定所需附件的型号等。

一、配水管网水力计算

热水配水管网水力计算的内容和步骤是：（1）按照生活给水管道设计秒流量计算方法，按概率法、平方根法和同时使用百分数法确定配水管网各管段的设计秒流量；（2）热水管道的流速，宜按表 5-9 选用；（3）确定管径。

热水管道的流速　　　　　　　　　　　　表 5-9

公称直径（mm）	15～20	25～40	≥50
流速（m/s）	≤0.8	≤1.0	≤1.2

二、循环管网水力计算

（一）全日制热水供应系统机械循环管网

热水循环管网中回水管网的管径应按循环流量确定。初步设计时可按比配水管段管径小 1～2 号估计。为保证各立管的循环效果，尽量减少干管的水头损失，热水配水干管和回水干管均不宜变径，按其相应的最大管径确定。

1. 配水管网中各管段终点水温，可按下述面积比温降方法计算：

$$\Delta t = \frac{\Delta T}{F} \tag{5-19}$$

$$t_z = t_c - \Delta t \Sigma f \tag{5-20}$$

式中　Δt——配水管网中计算管路的面积比温降（℃/m²）；

　　　ΔT——配水管网中计算管路起点和终点的水温差，一般取 ΔT=5～10℃；

　　　F——计算管路配水管网的总外表面积（m²）；

　　　Σf——计算管段终点以前的配水管网的总外表面积（m²）；

　　　t_c——计算管段的起点水温（℃）；

　　　t_z——计算管段的终点水温（℃）。

2. 配水管网各管段的热损失

$$q_S = \pi DLK(1-\eta)\left(\frac{t_c + t_z}{2} - t_j\right) \tag{5-21}$$

式中　q_S——计算管段热损失（W）；

　　　D——计算管段外径（m）；

　　　L——计算管段长度（m）；

　　　K——无保温时管道的传热系数 [W/（m²·℃）]；

　　　η——保温系数，无保温时 η=0，简单保温时 η=0.6，较好保温时 η=0.7～0.8；

t_c、t_z——同上；

　　　t_j——计算管段周围的空气温度（℃），可按表 5-10 确定。

管道周围的空气温度 表 5-10

管道敷设情况	t_j（℃）	管道敷设情况	t_j（℃）
采暖房间内明管敷设	18～20	敷设在不采暖的地下室内	5～10
采暖房间内暗管敷设	30	敷设在室内地下管沟内	35
敷设在不采暖房间的顶棚内	采用一月份室外平均温度		

3. 配水管网的总散热损失

将各管段的热损失相加便得到配水管网总的热损失 Q_s，即 $Q_s = \sum_{i=1}^{n} q_s$。初步设计时，Q_s 也可按设计小时耗热量的 $3\% \sim 5\%$ 来估算，其上下限可视系统的大小而定：系统服务范围大，配水管线长，可取上限；反之，取下限。

4. 总循环流量

循环流量是为了补偿配水管网向周围散失的热量。保持循环流量在管网中循环流动，不断向管网补充热量，从而保证各配水点的水温。全日供应热水系统的总循环流量 q_x 为：

$$q_x = \frac{Q_S}{1.163 \Delta T} \tag{5-22}$$

式中 q_x——全日热水供应系统的总循环流量（L/h）；

Q_s——配水管网的热损失（W），一般采用设计小时耗热量的 $3\% \sim 5\%$；

ΔT——配水管道的热水温差（℃），取 $5 \sim 10$℃。

5. 循环管路各管段的循环流量

在确定 q_x 后，可从水加热器后第 1 个节点起依次进行循环流量分配，以图 5-32 为例，通过管段Ⅰ的循环流量 q_{Ix} 即为 q_x，用以补偿整个配水管网的热损失，流入节点 1 的流量 q_{1x} 用以补偿 1 点之后各管段的热损失，即 $q_{AS} + q_{BS} + q_{CS} + q_{ⅡS} + q_{ⅢS}$，$q_{1x}$ 又分流入 A 管段和Ⅱ管段，其循环流量分别为 q_{Ax} 和 $q_{Ⅱx}$。根据节点流量守恒原理：$q_{1x} = q_{Ix}$，$q_{Ⅱx} = q_{Ix} - q_{Ax}$。$q_{Ⅱx}$ 补偿管段Ⅱ、Ⅲ、B、C 的热损失，即 $q_{ⅡS} + q_{ⅢS} + q_{BS} + q_{CS}$，$q_{Ax}$ 补偿管段 A 的热损失 q_{AS}。

按照循环流量与热损失成正比和热平衡关系，$q_{Ⅱx}$ 可按下式确定：

$$q_{Ⅱx} = q_{Ix} \frac{q_{BS} + q_{CS} + q_{ⅡS} + q_{ⅢS}}{q_{AS} + q_{BS} + q_{CS} + q_{ⅡS} + q_{ⅢS}}$$

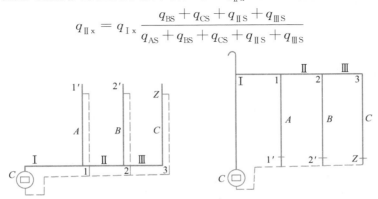

图 5-32 计算用图

流入节点 2 的流量 q_{2x} 用以补偿 2 点之后各管段的热损失，即 $q_{Ⅲs}+q_{Bs}+q_{Cs}$，q_{2x} 又分流入 B 管段和Ⅲ管段，其循环流量分别为 q_{Bx} 和 $q_{Ⅲx}$。根据节点流量守恒原理：$q_{2x}=q_{Ⅱx}$，$q_{Ⅲx}=q_{Ⅱx}-q_{Bx}$。$q_{Ⅲx}$ 补偿管段Ⅲ和 C 的热损失，即 $q_{Ⅲs}+q_{Cs}$，q_{Bx} 补偿管段 B 的热损失 q_{Bs}。同理可得：

$$q_{Ⅲx}=q_{Ⅱx}\frac{q_{Ⅲs}+q_{Cs}}{q_{Bs}+q_{Ⅲs}+q_{Cs}}$$

流入节点 3 的流量 q_{3x} 用以补偿 3 点之后管段 C 的热损失 q_{Cs}。根据节点流量守恒原理：$q_{3x}=q_{Ⅲx}$，$q_{Ⅲx}=q_{Cx}$，管道Ⅲ的循环流量即为管段 C 的循环流量。

简化为通用计算式为：

$$q_{(n+1)X}=q_{nX}\frac{\Sigma q_{(n+1)s}}{\Sigma q_{nS}} \tag{5-23}$$

式中　q_{nX}、$q_{(n+1)X}$——n、$n+1$ 管段所通过的循环流量（L/s）；

　　　$\Sigma q_{(n+1)s}$——$n+1$ 管段及其后各管段的热损失之和（W）；

　　　Σq_{nS}——n 管段及其后各管段的热损失之和（W）；

n、$n+1$ 管段如图 5-33 所示。

6. 复核各管段的终点水温，计算如下：

$$t'_z=t_c-\frac{q_s}{Cq'_x\rho_r} \tag{5-24}$$

式中　t'_z——各管段终点水温，（℃）；

　　　t_c——各管段起点水温（℃）；

　　　q_s——各管段的热损失（W）；

　　　q'_x——各管段的循环流量（L/s）；

　　　C——水的比热，$C=4187J/（kg·℃）$；

　　　ρ_r——热水密度（kg/L）。

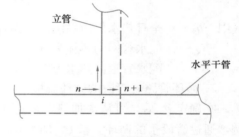

图 5-33　计算用图

计算结果如与公式（5-20）确定值相差较大，应取式（5-20）和式（5-24）计算结果的平均值，$t''_z=\dfrac{t_z+t'_z}{2}$ 作为各管段的终点水温，重新进行上述的运算。

7. 循环管网的总水头损失，公式如下：

$$H=(H_P+H_x)+H_j \tag{5-25}$$

式中　H——循环管网的总水头损失（kPa）；

　　　H_P——循环流量通过配水计算管路的沿程和局部水头损失（kPa）；

　　　H_x——循环流量通过回水计算管路的沿程和局部水头损失（kPa）；

　　　H_j——循环流量通过水加热器的水头损失（kPa）。

容积式水加热器、导流型容积式水加热器、半容积式水加热器和加热水箱，因容器内被加热水的流速一般较低（$v\leqslant0.1m/s$），流程短，故水头损失很小，在热水系统中可忽略不计。

对于快速式水加热器，被加热水在其中流速较大，流程也长，水头损失应以沿程和局部水头损失之和计算，即：

$$\Delta H=10\times\left(\lambda\frac{L}{d_j}+\Sigma\xi\right)\frac{v^2}{2g} \tag{5-26}$$

式中　ΔH——快速式水加热器中热水的水头损失（kPa）；

　　　λ——管道沿程阻力系数；

　　　L——被加热水的流程长度（m）；

　　　d_j——传热管计算管径（m）；

　　　ξ——局部阻力系数；

　　　υ——被加热水的流速（m/s）；

　　　g——重力加速度（m/s^2），一般取 9.8m/s^2。

循环管路配水管及回水管的局部水头损失可按沿程水头损失的 $20\%\sim30\%$ 估算。

8. 选择循环水泵

热水循环水泵通常安装在回水干管的末端，热水循环水泵宜选用热水泵，水泵壳体承受的工作压力不得小于其所承受的静水压力加水泵扬程。循环水泵宜设备用泵，交替运行。

循环水泵的流量：

$$Q_b \geqslant q_x \tag{5-27}$$

式中　Q_b——循环水泵的流量（L/s）；

　　　q_x——同前。

循环水泵的扬程：

$$H_b \geqslant H_P + H_x + H_j \tag{5-28}$$

式中　H_b——循环水泵的扬程（kPa）；

　　　H_p、H_x、H_j——同公式（5-25）。

（二）定时制热水供应系统机械循环管网

定时热水供应系统的循环水泵大多在供应热水前半小时开始运转，直到把水加热至规定温度，循环水泵即停止工作。因定时供应热水时用水较集中，故不考虑热水循环，循环水泵关闭。定时热水供应系统中热水循环流量的计算，是按循环管网中的水每小时循环的次数来确定，一般按 $2\sim4$ 次计算，系统较大时取下限；反之取上限。

循环水泵的出水量即为热水循环流量：

$$Q_b \geqslant (2 \sim 4)V \tag{5-29}$$

式中　Q_b——循环水泵的流量（L/h）；

　　　V——热水循环管网系统的水容积，不包括无回水管的管段和加热设备的容积（L）。

循环水泵的扬程，计算公式同式（5-28）。

（三）自然循环热水管网

自然循环热水管网的计算方法与机械循环方式大致相同。但在求出循环管网的总水头损失之后，应先对系统的自然循环压力值是否满足要求进行校核。

1. 上行下给式管网的自然循环压力值，见图 5-34（a），可按下式计算：

$$H_{zr} = 9.8\Delta h(\rho_3 - \rho_4) \tag{5-30}$$

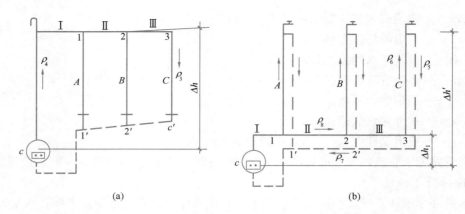

图 5-34　热水系统自然循环压力计算用图
(a) 上行下给式管网；(b) 上行上给式管网

式中　H_{zr}——上行下给式管网的自然循环压力（Pa）；

　　　Δh——锅炉或水加热器的中心与上行横干管中点的标高差（m）；

　　　ρ_3——最远处立管中热水的平均密度（kg/m³）；

　　　ρ_4——总配水立管中热水的平均密度（kg/m³）。

2. 下行上给式管网的自然循环压力值，见图 5-34（b），可按式（5-31）计算：

$$H_{zr} = 9.8\left[(\Delta h' - \Delta h_1)(\rho_7 - \rho_8) + \Delta h_1(\rho_5 - \rho_6)\right] \tag{5-31}$$

式中　H_{zr}——下行上给式管网的自然循环压力（Pa）；

　　　$\Delta h'$——锅炉或水加热器的中心至立管顶部的标高差（m）；

　　　Δh_1——锅炉或水加热器的中心至配水横干管中心垂直距离（m）；

　　　ρ_5、ρ_6——最远处回水立管、配水立管管段中热水的平均密度（kg/m³）；

　　　ρ_7、ρ_8——水平干管回水立管、配水立管管段中热水的平均密度（kg/m³）。

当管网循环水压 $H_{zr} \geqslant 1.35H$ 时，管网才能安全可靠地自然循环，H 为循环管网的总水头损失，可由公式（5-25）计算确定；否则应采取机械强制循环。

三、热媒管网水力计算

高温热水为热媒时，热媒循环管路中配、回水管道的管径，应根据高温热水耗量 G，以热水管道允许流速值计算确定，并据此计算出管路的总水头损失 H_h。当锅炉与水加热器或贮水器连接时，如图 5-35 所示，热媒管网的热水自然循环压力值 H_{zr} 按式（5-32）计算：

$$H_{zr} = 9.8\Delta h(\rho_1 - \rho_2) \tag{5-32}$$

式中　H_{zr}——热水自然循环压力（Pa）；

　　　Δh——锅炉中心与水加热器内盘管中心或贮水器中心垂直高度（m）；

　　　ρ_1——锅炉出水的密度（kg/m³）；

　　　ρ_2——水加热器或贮水器的出水密度（kg/m³）。

当 $H_{zr} > H_h$ 时，可形成自然循环，为保证运行可靠一般要求：

$$H_{zr} = (1.1 \sim 1.15)H_h \tag{5-33}$$

当 H_{zr} 不满足上式的要求时，则应采用机械循环方式，依靠循环水泵强制循环。循环水泵的流量和扬程应比理论计算值略大一些，以确保可靠循环。

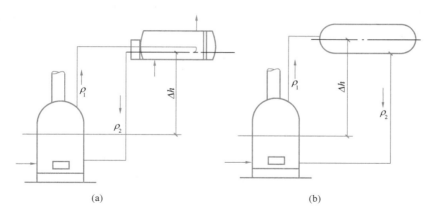

图 5-35　热媒管网自然循环压力

（a）热水锅炉与水加热器连接；（b）热水锅炉与贮水器连接

（间接加热）　　　　　　　（直接加热）

高压蒸汽为热媒时，蒸汽管道的管径可根据蒸汽压力、蒸汽耗量和蒸汽流速直接查高压蒸汽水力计算表确定。

第八节　高层建筑热水供应系统

一、高层建筑热水供应系统的特点

高层建筑具有层数多、建筑高度高、热水用水点多等特点。为保证良好的供水工况并节省投资，高层建筑热水供应系统必须解决热水管网系统压力过大的问题。与给水系统相同，解决热水管网系统压力过大的问题，可采用竖向分区的供水方式。高层建筑热水系统的分区，应遵循如下原则：

（1）与给水系统的分区应一致，各区水加热器、贮水器的进水均应由同区的给水系统设专管供应，以保证系统内冷、热水的压力平衡，便于调节冷、热水混合龙头的出水温度，达到节水、节能、用水舒适的目的。当确有困难时，例如单幢高层住宅的集中热水供应系统，只能采用一个或一组水加热器供整幢楼热水时，可相应地采用质量可靠的减压阀等管道附件来解决系统冷热水压力平衡的问题。

（2）当减压阀用于热水系统分区时，除应满足与给水系统相同的减压阀设置要求外，减压阀密封部分材质应按热水温度要求选择，尤其要注意保证各分区热水的循环效果。

二、分区供水方式

（一）集中设置水加热器、分区设置热水管网的供水方式

该供水方式见图 5-36。各区热水配水循环管网自

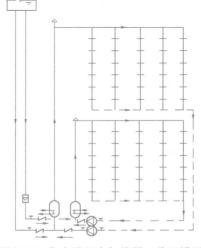

图 5-36　集中设置水加热器、分区设置热水管网的供水方式

153

成系统，水加热器、循环水泵集中设在底层或地下设备层，各区所设置的水加热器或贮水器的进水由同区给水系统供给。其优点是：各区供水自成系统，互不影响，供水安全可靠；设备集中设置，便于维修、管理。其缺点是：高区水加热器和配、回水主立管管材需承受高压，设备和管材费用较高。所以该分区形式不宜用于多于3个分区的高层建筑。

（二）分散设置水加热器、分区设置热水管网的供水方式

该供水方式见图5-37。各区热水配水循环管网也自成系统，但各区的加热设备和循环水泵分散设置在各区的设备层中。图5-37（a）所示为各区均为上配下回热水供应图式，图5-37（b）所示为各区采用上配下回与下配上回混设的热水供应图式。该方式的优点是：供水安全可靠，且水加热器按各区水压选用，承压均衡，且回水立管短。缺点是：设备分散设置不但要占用一定的建筑面积，维修管理也不方便，且热媒管线较长。

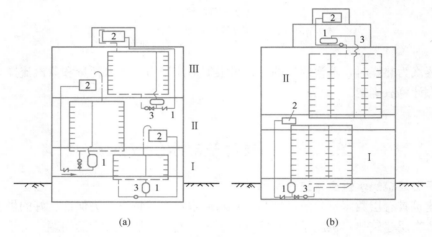

图 5-37　分散设置水加热器、分区设置热水管网的供水方式
（a）各区系统均为上行下回方式；（b）各区系统混合设置
1—水加热器；2—给水箱；3—循环水泵

（三）分区设置减压阀、分区设置热水管网的供水方式

高层建筑热水供应系统采用减压阀分区时，减压阀不能装在高、低区共用的热水供水干管上，如图5-38（a）的错误图式所示，而应按图5-38（b）、图5-38（c）和图5-38（d）的正确图式设置减压阀。

图5-38（b）为高低区分设水加热器的系统。两水加热器均由高区冷水高位水箱供水，低区热水供应系统的减压阀设在低区水加热器的冷水供水管上。该系统适用于低区热水用水点较多，且设备用房有条件分区设水加热器的情况。

图5-38（c）为高低区共用水加热器的系统，低区热水供水系统的减压阀设在各用水支管上。该系统适用于低区热水用水点不多、用水量不大，分散及对水温要求不严（如理发室、美容院）的建筑，高低区回水管汇合点 C 处的回水压力由调节回水管上的阀门平衡。

图5-38（d）为高低区共用水加热器系统的另一种图式，高低区共用供水立管，低区分户供水支管上设减压阀。该系统适用于高层住宅、办公楼等高低区只能设一套水加热设备或热水用量不大的热水供应系统。

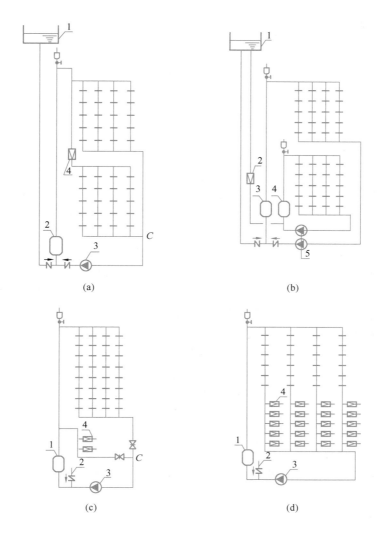

图 5-38

（a）减压阀分区热水供应系统错误图式

1—冷水补水箱；2—水加热器；（高、低区共用）；3—循环泵；4—减压阀

（b）减压阀分区热水供应系统正确图式

1—冷水补水箱；2—减压阀；3—高区水加热器；4—低区水加热器；5—循环泵

（c）支管设减压阀热水供应系统正确图式

1—水加热器；2—冷水补水箱；3—循环泵；4—减压阀

（d）高低区共用立管低区设支管减压阀热水系统正确图式

1—水加热器；2—冷水补水管；3—循环泵；4—减压阀

三、管网布置与敷设

一般高层建筑热水供应的范围大，热水供应系统的规模也较大，为确保系统运行时的良好工况，进行管网布置与敷设时，应注意以下几点：

（1）当分区范围超过 5 层时，为使各配水点随时得到设计要求的水温，应采用全循环或立管循环方式；当分区范围小，但立管数多于 5 根时，应采用干管循环方式。

（2）为防止循环流量在系统中流动时出现短流，影响部分配水点的出水温度。

（3）为提高供水的安全可靠性，尽量减小管道、附件检修时的停水范围，或充分利用热水循环管路提供的双向供水的有利条件，放大回水管管径，使它与配水管径接近，当管道出现故障时，可临时作配水管使用。

第九节　饮　水　供　应

一、饮水供应系统

饮水供应主要有开水和冷饮水供应系统两类，应根据当地生活习惯和建筑物使用性质选用。我国办公楼、旅馆、学生宿舍、军营多采用开水供应系统，大型娱乐场所等公共建筑、工矿企业生产热车间多采用冷饮水供应系统。

（一）开水供应系统

开水供应系统分集中供应和管道输送两种方式。集中供应是在开水间制备开水，人们用容器取用，如图 5-39 所示，适合于机关、学校等建筑，开水间宜靠近锅炉房、食堂等有热源的地方。每个集中开水间的服务半径范围一般不宜大于250m。也可以在建筑内每层设开水间，集中制备开水，如图5-40 所示，即把蒸汽热媒通过管道送到各层开水间，每层设间接加热开水器，其服务半径不宜大于 70m。随着我国能源工业的发展，还可用燃气、燃油开水炉、电加热开水炉代替间接加热器。

中小学校、体育场、游泳场、火车站等人员流动较集中的公共场所，可采用冷饮水供应系统，如图 5-41 所示。人们从饮水器中直接喝水，既方便又可防止疾病的传播。图 5-42 所示为较常见的一种饮水器。

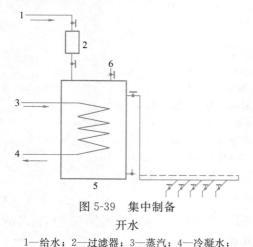

图 5-39　集中制备
开水

1—给水；2—过滤器；3—蒸汽；4—冷凝水；
5—水加热器；6—安全阀

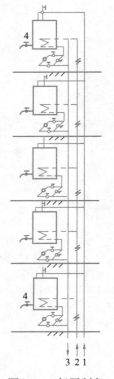

图 5-40　每层制备
开水

1—给水；2—过滤器；
3—蒸汽；4—冷凝水

（二）饮用净水系统

冷饮水在接至饮水器前必须进行水质净化处理，其制备方式有：（1）由开水冷却至饮水温度；（2）自来水经净化处理后再经水加热器加热至饮水温度；（3）自来水经净化处理后直接供给用户或饮水点。

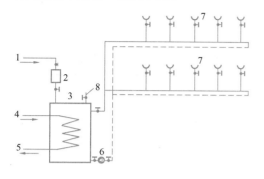

图 5-41　冷饮水供应系统（方式 2）

1—冷水；2—过滤器；3—水加热器；4—蒸汽；
5—冷凝水；6—循环泵；7—饮水器；8—安全阀

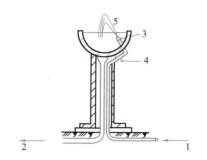

图 5-42　饮水器

1—供水管；2—排水管；3—喷嘴；
4—调节阀；5—水柱

饮用净水宜以市政给水为原水，常规的深度处理方法是过滤和消毒，用于去除自来水中的悬浮物、有机物和病菌，也可采用活性炭过滤，砂滤，电渗析，紫外线、加氯、臭氧消毒等处理方法。饮用净水的水质应符合现行《饮用净水水质标准》CJ/T 94。

为避免水质二次污染，饮用净水管网系统应独立设置，不得与非饮用净水管网相连，宜采用变频调速水泵直接供水系统。高层建筑饮用净水系统应竖向分区，各分区最低配水点的静水压不宜大于 0.35MPa，且不得大于 0.45MPa。饮用净水必须设循环管道，并应保证干管和立管中饮水的有效循环，循环管网内水的停留时间不宜超过 6h，以防管网中长时间滞流的饮水在管道接头、阀门等局部不光滑处由于细菌繁殖或微粒集聚等因素而产生水质污染和恶化的后果。

（三）饮水管道、饮水器与开水器设置要求

饮用水管应选用耐腐蚀、内表面光滑，符合食品级卫生要求的薄壁不锈钢管、薄壁铜管、优质塑料管。开水管道应选用工作温度大于 100℃ 的金属管材。阀门、水表、管道连接件、密封材料、配水水嘴等选用材质均应符合食品级卫生要求，并与管材匹配。

饮水供应点的设置应符合下列要求：①不得设在易被污染的地点，对于经常产生有害气体或粉尘的车间，应设在不受污染的生活间或小室内；②位置应便于取用、检修和清扫，并应设良好的通风和照明设施；③楼房内饮水供应点的位置，应根据实际情况加以选定；④开水间、饮水处理间应设给水管、排污排水用地漏。给水管管径可按设计小时饮水量计算。开水器开水炉排污，排水管道不宜采用塑料排水管。

饮水器应采用不锈钢、铜镀铬或瓷质、搪瓷制品，其表面光洁易于清洗。饮水器安装应符合下列要求：①喷嘴应倾斜安装并设有防护装置；②喷嘴孔口的高度，当排水管堵塞时应不致被淹没；③应使同组喷嘴压力一致。

开水器的管道和附件，应符合下列要求：①溢流管和泄水管不得与排水管道直接连接；②开水器的通气管应引至室外；③配水水嘴为旋塞；④开水器应装设温度计和水位计，开水锅炉应装温度计，必要时还应装设沸水箱或安全阀。

二、饮水供应系统的设计计算

1. 饮用水日用水量、最大小时饮用水量

饮用水日用水量可按表 5-11 中饮水定额和小时变化系数计算。居住小区、住宅、别墅等建筑设有饮用净水供应系统时，饮水定额宜为 4～7L/（人·d），小时变化系数宜为 6。

饮用水定额及小时变化系数　　　　　　　　表 5-11

建筑物名称	单位	饮水定额（L）	小时变化系数
热车间	每人每班	3～5	1.5
一般车间	每人每班	2～4	1.5
工厂生活间	每人每班	1～2	1.5
办公楼	每人每班	1～2	1.5
集体宿舍	每人每日	1～2	1.5
教学楼	每学生每日	1～2	2.0
医　院	每病床每日	2～3	1.5
影剧院	每观众每场	0.2	1.0
招待所、旅馆	每客人每日	2～3	1.5
体育馆（场）	每观众每日	0.2	1.0

注：小时变化系数指开水供应时间内的变化系数。

最大小时饮用水量的计算公式如下：

$$q_{\text{Emax}} = K_{\text{h}} \frac{m \cdot q_{\text{E}}}{T} \tag{5-34}$$

式中　　q_{Emax}——设计最大时饮用水量（L/h）；

　　　　K_{h}——小时变化系数；

　　　　q_{E}——饮水定额［L/（人·d）、L/（床·d）或 L/（观众·d）］；

　　　　m——用水计算单位数，人数或床位数等；

　　　　T——供应饮用水时间（h）。

2. 饮用净水系统配水管的设计秒流量

饮用净水系统配水管中的设计秒流量应按下式计算：

$$q_{\text{g}} = q_0 m \tag{5-35}$$

式中　　q_{g}——计算管段的设计秒流量（L/s）；

　　　　q_0——饮水水嘴额定流量，取 0.04（L/s），最低工作压力为 0.03MPa；

　　　　m——计算管段上同时使用饮水水嘴的个数，当管道中的水嘴数量不多于 12 个时，m 值按表 5-12 选用，当管道中的水嘴数量多于 12 个时，m 值按式（5-36）式（5-37）和附录 5-3 计算；

m 值 经 验 值　　　　　　　　表 5-12

水嘴数量 n	1	2	3	4～8	9～12
使用数量 m	1	2	3	3	4

当管道中的水嘴数量多于 12 个时，m 值按下式计算：

$$\sum_{k=0}^{m} p^k (1-p)^{n-k} \geqslant 0.99 \tag{5-36}$$

式中　k——表示 $1\sim m$ 个饮水水嘴数；

　　　n——饮水水嘴总数（个）；

　　　p——饮水水嘴使用概率，见附录 5-4。

$$p = \alpha Q_h / 1800 n q_0 \tag{5-37}$$

式中　α——经验系数，$0.15\sim0.45$；

　　　Q_h——最高日饮水量（L/d）；

　　　n——饮水水嘴总数（个）；

　　　q_0——饮水水嘴额定流量（L/s）。

管道的设计流量确定后，选择合理的流速（同热水供应管道流速），即可根据水力学公式计算管径。水头损失的计算与生活给水的水力计算方法相同。

习　题

1. 下列关于机械循环热水供应系统与自然循环热水供应系统的叙述中，错误的是（　　）。

A. 两者的循环动力来源不同；

B. 自然循环热水供应系统利用热动力差进行循环；

C. 机械循环热水供应系统利用配水管网的给水泵的动力进行循环；

D. 自然循环热水供应系统中不设循环水泵

2. 下列关于集中热水供应系统热源选择的叙述中，正确的是（　　）。

A. 宜首先利用能保证全年供热的热力管网为热源；

B. 利用废热锅炉制备热媒时，引入废热锅炉的废气、烟气温度不宜高于 400℃；

C. 无工业余热、废热、地热、太阳能、热力管网、区域锅炉房提供的蒸汽或高温水时，可设置燃油、燃气热水机组直接供应热水；

D. 以太阳能为热源的加热设备宜独立工作，不宜设置辅助加热装置

3. 某工程采用半容积式水加热器，热媒为热水。供回水温度分别为 95℃、70℃，冷水的计算温度为 10℃，水加热器出口温度为 60℃。则热媒与被加热水的计算温差应为（　　）℃。

A. 47.5；B. 35.0；C. 40.5；D. 46.4

4. 某工程采用半即热式水加热器，热媒为 0.1MPa 的饱和蒸汽（表压），饱和蒸汽温度为 119.6℃，凝结水温度为 80℃，冷水的计算温度为 10℃，水加热器出口温度为 60℃。则热媒与被加热水的计算温度差应为（　　）℃。

A. 44.8；B. 65.0；C. 52.7；D. 50.6

5. 某住宅楼设有集中热水供应系统，管道总容积为 1800L，热水供水温度为 60℃（密度 0.9832kg/L）。回水温度 50℃（密度 0.9881kg/L），冷水温度 10℃（密度 0.9997kg/L），水加热器底部到屋顶冷水水箱水面的高度为 66m，则膨胀水箱的有效容积为（　　）L，水箱水面高出冷水水面的高度应为（　　）m。

A. 54，0.55；B. 108，0.55；C. 54，0.33；D. 108，0.33

6. 关于热水管网上阀门的设置，下列叙述（　　）不正确。

A. 配水立管和回水立管上应设阀门；

B. 从立管接出的支管上应设阀门；

C. 两个以上配水点的配水支管上应设阀门；

D. 与配水、回水干管连接的分干管上应设阀门

7. 一旅馆内设客房、洗衣房、游泳池及健身娱乐设施，设集中热水供应系统，24h 供应热水，其设计小时耗热量按（　　）计算。

A. 客房最大小时耗热量＋洗衣房、游泳池及健身娱乐设施平均小时耗热量；

B. 客房、洗衣房最大小时耗热量＋游泳池及健身娱乐设施平均小时耗热量；

C. 客房最大小时耗热量＋洗衣房、游泳池及健身娱乐设施最大小时耗热量；

D. 客房平均小时耗热量＋洗衣房、游泳池及健身娱乐设施平均小时耗热量

8. 某单元式住宅楼共 6 层，每个单元每层 2 户，每户设置 1 个饮用净水龙头（额定流量为 0.04L/s），则该单元饮用净水设计秒流量为（　　）L/s。

A. 0.04；B. 0.16；C. 0.24；D. 0.48

9. 某住宅楼共 180 户，每户按 3.5 人计，采用全日制集中热水供应系统。热水用水定额按 100/（人・d）计（60℃，$\rho=0.9832$kg/L），冷水温度按 10℃ 计（$\rho=0.9997$kg/L），试计算：

(1) 该住宅楼的设计小时耗热量；

(2) 若热媒采用热水，其供回水温度分别为 80℃ 和 60℃。水加热器为半容积式加热器，出口温度 60℃，求热媒与被加热水的计算温度差；

(3) 若加热器传热系数为 1410W/（m²・℃），传热效率为 0.7，热损失系数为 1.1，热媒与被加热水的计算温度差为 35℃，计算加热器的换热面积；

(4) 加热器的最小储水容积；

(5) 若系统配水管道的热水温度差为 10℃，配水管道的热损失按设计小时耗热量的 5％ 计，计算系统的热水循环流量。

10. 某住宅楼共有 144 户，每户按 3.5 人计，住宅内设集中热水供应系统，每天 20：00～23：00 定时供应热水。热水用水定额按 80L/（人・d）计（60℃，$\rho=0.9832$kg/L）。冷水温度按 10℃ 计（$\rho=0.9997$kg/L）。每户设两个卫生间和一个厨房。每个卫生间内设一个浴盆（带淋浴，小时用水量为 300L/h，水温 40℃，$\rho=0.9922$kg/L，同时使用百分数为 70％），一个洗手盆（小时用水量为 30L/h，水温 30℃，$\rho=0.9957$kg/L，同时使用百分数为 50％）和一个大便器，厨房内设一个洗涤盆（小时用水量为 180L/h，水温 50℃，$\rho=0.9881$kg/L，同时使用百分数为 70％）。试计算该住宅的设计小时耗热量。

11. 某旅馆建筑，有 300 张床位 150 套客房，客房均设专用卫生间，内有浴盆、脸盆各 1 件。旅馆全日集中供应热水，加热器出口热水温度为 70℃，当地冷水温度 10℃。采用容积式水加热器，以蒸汽为热媒，蒸汽压力 0.2MPa（表压）。试计算：

(1) 设计小时耗热量；(2) 设计小时热水量；(3) 热媒耗量。

12. 某 22 层住宅设置饮用净水供应系统。每层 8 户，每户按 3.5 人计，用水定额为 6L/（人・d），试计算：

(1) 系统最高日用水量；

(2) 系统最大时用水量；

(3) 若每户设置饮用净水水嘴 2 个，入户饮用净水支管设计秒流量；

(4) 若 α 取 0.8，每户设置饮用净水水嘴 2 个，整个建筑饮用净水水嘴的使用频率；

(5) 若 α 取 0.8，每户设置饮用净水水嘴 2 个，整个建筑引入管的设计秒流量。

13. 热水供应系统中除安装与冷水系统相同的附件外，尚需加设哪些附件？试述它们的作用和设置要求。

14. 室内热水供应系统的加热方式、加热设备的类型有哪些？各适用于什么场所？

15. 热水配水管网与冷水配水管网的计算有何异同？

第六章

游泳池及水景给水排水设计简介 »»»

第一节 游泳池及水上游乐池给水排水设计

游泳池是供人们在水中以规定的各种姿势划水前进或进行活动的人工建造的水池；水上游乐池是供人们在水上或水中娱乐、休闲和健身的各种游乐设施和水池。游泳池和水上游乐池的设计应以实用性、经济性、节约水资源、技术先进、环境优美、安全卫生、管理维护方便为原则。

一、游泳池和水上游乐池设计的基本数据

游泳池的类型较多，按环境可分为天然游泳池、室外人工池、室内人工池、海水游泳池等；按使用对象可分为教学用、竞赛用、娱乐用、医疗康复用、练习用游泳池等；按项目分为游泳池、跳水池、潜水池、水球池、造浪池、戏水池等。

（一）水质、水源和水温

游泳池和水上游乐池初次充水和使用过程中的补充水、游泳池和水上游乐池的饮用水、淋浴等生活用水的水质，均应符合现行《生活饮用水卫生标准》GB 5749 的要求。游泳池和水上游乐池的池水水质应符合现行行业标准《游泳池水质标准》CJ/T 244 的规定。

游泳池和水上游乐池的初次充水、重新换水和正常使用中的补充水，应由城市给水系统供水；可采用井水（含地热水）、泉水（含温泉水）或水库水。

游泳池和水上游乐池的池水设计温度应根据池子类型和使用对象按表 6-1 采用，为了便于灵活调节供水水温，设计时应留有余地。室外游泳池的水温按表 6-2 选用，不考虑冬泳因素。

室内游泳池和水上游乐池的池水设计温度（℃） 表 6-1

序号	池 子 类 型	池水设计温度	序号	池 子 类 型	池水设计温度
1	竞赛游泳池	26～28	6	专用教学池	26～28
2	训练游泳池	26～28	7	文艺演出池	30～32
3	公共游泳池（成人池）	26～28	8	儿童戏水池	28～30
4	公共儿童池	28～30	9	多功能池、私人泳池	26～30
5	造浪池、环流池、滑道跌落池	26～30			

室外游泳池的池水设计温度 表 6-2

序 号	类 型	池水设计温度（℃）
1	有加热装置	≥26
2	无加热装置	≥23

（二）水量及初次充水时间

游泳池和水上游乐池运行过程中每日的补充水量应考虑的因素包括：池水表面蒸发损失、池子排污损失、过滤设备反冲洗用水消耗、游泳者或游乐者带出池外的水量损失和卫生防疫要求。游泳池、游乐池的补充水量按表 6-3 选用，其中考虑到儿童和幼儿容易受到低于体温池水的刺激，且可能在池内便溺，严重污染水质，故儿童和幼儿戏水池补水量较多。

游泳池的初次充水持续时间，竞赛类和专用类游泳池不宜超过 48h；休闲类游泳池不宜超过 72h。游泳池和水上游乐池的最小补充水量应保证一个月内池水全部更新一次。

游泳池、施乐池的补充水量　　　　　　　　　　　　　　表 6-3

序　号	游泳池、游乐池的用途和类型		每日补充水量占池水容积的百分数（％）
1	竞赛类和专用类	室内	3～5
		室外	5～10
2	水上游乐池、公共游泳池	室内	5～10
		室外	10～15
3	儿童游泳池、幼儿戏水池	室内	不小于 15
		室外	不小于 20
4	私人类	室内	3
		室外	5

二、池水给水系统

（一）循环净化给水系统

循环净化给水系统是将游泳池和水上游乐池中使用过的池水，按规定的流量和流速从池内抽出，经过滤净化使池水澄清并经消毒处理，再送回池子重复使用。该系统由池子回水管路、净化工艺、加热设备和净化水配水管路组成，具有耗水量少的特点，可保证水质卫生要求，但系统较复杂，投资大。

游泳池和水上游乐池净化系统的设置，应根据池子的使用功能、卫生标准、使用者特点来确定。竞赛池、跳水池、训练池和公共池，以及儿童池、幼儿池均应分别设置各自独立的池水循环净化给水系统，以满足使用要求并便于管理。

对于水上游乐池，当多个池子用途相近、水温要求一致、池子循环方式和循环周期相同时可以共用一个池水净化处理系统，以节约能源和投资。循环净化水由分水器分别接至不同的游乐池，每个池子的接管上设置控制阀门。

池子循环方式是为保证游泳池和水上游乐池的进水水流均匀分布，在池内不产生急流、涡流、死水区，且回水水流不产生短流，使池内水温和余氯均匀而设计的水流组织方式。游泳池和水上游乐池的池水循环方式有顺流式、逆流式和混合式三种，应根据池水容量、池水深度、池子形状、池内设施（指活动池底板、隔板及活动池岸等），使用性质和技术经济等因素综合比较后确定。

顺流式循环是指将游泳池或水上游乐池的全部循环水量，经设在池子端壁或侧壁水面以下的给水口送入池内，回水则由设在池底的回水口取回，经过净化处理后送回池内继续使用，如图 6-1（a）所示。这种循环方式配水较为均匀，底部回水口可与排污口、泄水口合用，结构形式简单，建设费用经济；但是不利于池水表面排污、池内局部沉淀产生，对于公共游泳池和露天游泳池，一般水深较浅，为节省建设施工费用和方便维护管理，宜采用顺流式循环方式。

逆流式循环是将游泳池和水上游乐池的全部循环水量，经设在池壁外侧的溢水槽收集至回水管路，送到净化设备处理后，再通过净化水配水管路送到池底的给水口或给水槽进入池内，如图 6-1（b）所示。这种循环方式能够有效地去除池水表面污物和池底沉淀污物，池底均匀布置给水口满足水流均匀、避免涡流的要求，使池水均匀有效地交换更新。

混流式循环是指将游泳池或水上游乐池全部循环水 60％～70％ 的水量，经设在池壁外侧的溢流回水槽取回，其余 30％～40％ 的循环水量经设在池底的回水口取回。这两部分循环水量汇合后进行净化处理，然后经池底给水口送入池内继续使用，如图 6-1（c）所示。这种循环方式除具有逆流式池水循环方式的优点外，由于池壁、池底同时回水使水流能冲刷池底的积污，卫生条件更好。

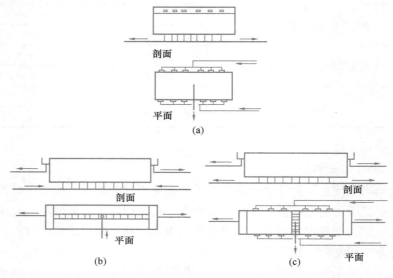

图 6-1　池水循环方式
(a) 顺流式；(b) 逆流式；(c) 混流式

逆流式和混流式是国际泳联推荐的池水循环方式，为了满足池底均匀布置给水口、方便施工安装和维修更换给水口的要求，池底应架空设置或加大池深（将配水管埋入池底垫层或埋入沟槽），因此基建投资较高、施工难度较大。竞赛游泳池和训练游泳池的池水应采用逆流式或混流式循环方式；水上游乐池的类型较多，形状不规则，布局分散，应结合具体情况选用池水循环方式。

（二）直流式给水系统

直流式给水系统是将符合水质标准的水流，按设计流量连续不断地送入游泳池或水上游乐池，同时将使用过的池水按进水流量连续不断地经排水口排出池体。该系统特点是保证水质、系统简单、投资省、维护方便、运行费用少，但是受到水源条件的约束。当符合水质、水温要求且水源充沛时，可以考虑采用，多用于温泉地区和地下有热水资源地区的温泉游泳池、医疗游泳池；对于幼儿戏水池及儿童游泳池，为保证池水卫生也推荐采用直流式给水系统。

（三）直流净化给水系统

直流净化给水系统是将天然的地面水或地下水，经过过滤净化和消毒杀菌处理达到游泳池水质标准后，经给水口连续不断地送入游泳池或水上游乐池，同时将与进水体积相同的、使用过的池水经排水口不断排出池体，如图6-2所示。建设循环水净化系统投资高，难以满足广大游泳爱好者的需求，所以在靠近水质良好、水温适宜、水量充沛的城镇，当技术经济、社会和环境效益比较合理时，仅夏季使用的露天游泳池和水上游乐池可采用直流净化给水系统。

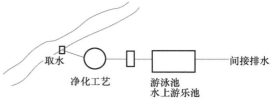

图6-2 直流净化给水系统

三、池水循环系统

（一）循环周期

游泳池和水上游乐池的池水净化循环周期，是指将池水全部净化一次所需要的时间。确定循环周期的目的是限定池水中污浊物的最大允许浓度，以保证池水中的杂质、细菌含量和余氯量始终处于游泳协会和卫生防疫部门规定的允许范围内。合理确定循环周期关系到净化设备和管道的规模、池水水质卫生条件、设备性能与成本以及净化系统的效果，是一个重要的设计数据。循环周期应根据池子的使用性质、使用人数、池水容积、消毒方式、池水净化设备运行时间和除污效率等因素确定，按表6-4采用。

游泳池（部分类型）池水循环净化周期　　　　　　　　　　表6-4

游泳池和水上游乐池分类		使用有效池水深度（m）	循环次数（次/d）	循环周期（h）
竞赛类	竞赛游泳池	2.0	8～6	3～4
		3.0	6～4.8	4～5
	水球、热身游泳池	1.8～2.0	8～6	3～4
	跳水池	5.5～6.0	4～3	6～8
	放松池	0.9～1.0	80～48	0.3～0.5
专用类	训练池、健身池、教学池	1.35～2.0	6～4.8	4～5
	潜水池	8.0～12.0	2.4～2	10～12
	残疾人池、社团池	1.35～2.0	6～4.5	4～5
	冷水池	1.8～2.0	6～4	4～6
	私人泳池	1.2～1.4	4～3	6～8
公共类	成人泳池（含休闲池、学校泳池）	1.35～2.0	8～6	3～4
	成人初学池、中小学校泳池	1.2～1.6	8～6	3～4
	儿童泳池	0.6～1.0	24～12	1～2
	多用途池、多功能池	2.0～3.0	8～6	3～4

注：池水的循环次数按游泳池和水上游乐池每日循环运行时间与循环周期的比值确定。

（二）循环流量

循环流量是计算净化和消毒设备的重要数据，常用的计算方法有循环周期计算法和人数负荷法。循环周期计算法是根据已经确定的池水循环周期和池水容积，按下式计算：

$$Q = \alpha V_p / T_p \tag{6-1}$$

式中 Q——游泳池或水上游乐池的循环流量（m^3/h）；

α——管道和过滤净化设备的水容积附加系数，取 $1.05\sim1.1$；

V_p——游泳池或水上游乐池的池水容积（m^3）；

T_p——循环周期（h），按表 6-4 选用。

（三）循环水泵

对于不同用途的游泳池、水上游乐池等所用的循环水泵应单独设置，以利于控制各自的循环周期和水压；当各池不同时使用时也便于调节，避免造成能源浪费。

循环水泵的设计流量不小于循环流量；扬程按照不小于送水几何高度、设备和管道阻力损失以及流出水头之和确定；工作主泵不宜少于 2 台，以保证净化系统 24h 运行，即白天高负荷时 2 台泵同时工作，夜间无人游泳或游乐时只使用 1 台泵运行；宜按过滤器反冲洗时工作泵和备用泵并联运行考虑备用泵的容量，并按反冲洗所需流量和扬程校核循环水泵的工况。循环水泵应布置在池水净化设备机房内。

（四）平衡水池和均衡水池

游泳池和水上游乐池应考虑水量平衡措施。顺流式循环给水系统的游泳池和水上游乐池，为保证池水有效循环，且收集溢流水、平衡池水水面、调节水量浮动、安装水泵吸水口（阀）和间接向池内补水，需要设置平衡水池。当循环水泵受到条件限制必须设置在游泳池水面以上，或是循环水泵直接从泳池吸水时，由于吸水管较长、沿程阻力大，影响水泵吸水高度而无法设计成自灌式开启时，需要设置平衡水池；另外，数座游泳池或水上游乐池共用一组净化设备时必须通过平衡水池对各个水池的水位进行平衡。

逆流式循环给水系统的游泳池和水上游乐池，为保证循环水泵有效工作而设置低于池水水面的供循环水泵吸水的均衡水池，这是由于逆流式循环方式采用溢流式回水，回水管道中夹带有气体，均衡水池可以起到气水分离、调节泳池负荷不均匀时溢流回水量的浮动。

（五）循环管道及附属装置

循环管道由循环给水管和循环回水管组成，循环管道的材料以防腐为原则，可以采用塑料管、铜管和不锈钢管；采用碳钢管或球墨铸铁管时，管内壁应涂刷或内衬符合饮用水要求的防腐涂料或材料。

循环管道的敷设方法应根据游泳池或水上游乐池的使用性质、建设标准确定。一般室内游泳池或游乐池应尽量沿池子周围设置管廊，管廊高度不小于 1.8m，并应留人孔及吊装孔。

游泳池和水上游乐池上给水口和回水口的设置，对水流组织很重要，其布置应符合以下要求：①数量应满足循环流量的要求；②位置应使池水水流均匀循环，不发生短流；③逆流式循环时，回水口应设在溢流回水槽内；混流式循环时回水口分别设置在溢流回水槽和池底最低处；顺流式循环时池底回水口的数量应按淹没流计算，不得少于 2 个。

游泳池和水上游乐池的泄水口应设置在池底最低处，应按 4h 全部排空池水确定泄水口的面积和数量。重力式泄水时，泄水管需设置空气隔断装置而不应与排水管直接连接。

溢流回水槽设置在逆流式或混流式循环系统的池子两侧壁或四周，截面尺寸按溢流水量计算，最小截面为 200mm×200mm。槽内回水口数量由计算确定，间距一般不大于3.0m。槽底以 1% 坡度坡向回水口。回水口与回水管采用等程连接、对称布置管路，接入均衡水池。

游泳池的池岸应设置不少于 4 个冲洗池岸用的清洗水嘴，宜设在看台或建筑的墙槽内或阀门井内（室外游泳池），冲洗水量按 1.5L/（m² · 次），每日冲洗两次，每次冲洗时间以 30min 计。

游泳池和水上游泳池还应设置消除池底积污的池底清污器；标准游泳池和水上游乐池宜采用全自动池底消污器；中、小型游乐池和休闲池宜采用移动式真空池底清污器或电动清污器。

四、循环水净化

（一）预净化

为防止游泳池或水上游乐池水夹带的固体杂质和毛发、树叶、纤维等杂物损坏水泵，破坏过滤器滤料层，影响过滤效果和水质，池水的回水首先进入毛发聚集器进行预净化。毛发聚集器外壳应为耐压、耐腐蚀材料；过滤筒孔眼的直径宜采用 3～4mm，过滤网眼宜采用 10～15 目，且应为耐腐蚀的铜、不锈钢和塑料材料所制成。毛发聚集器装设在循环水泵的吸水管上，截留池水中夹带的固体杂质。

（二）过滤

游泳池或游乐池的循环水具有处理水量恒定、浊度低的特点。为简化处理流程，减小净化设备机房占地面积，一般采用水泵加压一次提升的循环方式，宜采用压力过滤器。过滤器的滤速应根据泳池的类型、滤料种类确定；过滤器的个数及单个过滤器面积应根据循环流量和运行维护等情况综合考虑，且不宜少于 2 台；过滤器宜用水进行反冲洗或是气、水组合反冲洗。

（三）加药

由于游泳池和水上游乐池水的污染主要来自人体的汗等分泌物，仅使用物理性质的过滤不足以去除微小污物，故池水中的循环水进入过滤器之前需要投加混凝剂，把水中微小污物吸附聚集在药剂的絮凝体上，形成较大块状体经过滤去除。混凝剂宜采用氯化铝或精制硫酸铝、明矾等，根据水源水质和当地药品供应情况确定，宜采用连续定比自动投加。

（四）消毒

游泳池和水上游乐池的池水必须进行消毒杀菌处理，消毒方法和消毒剂设备应符合杀菌力强、不污染水质并在水中有持续杀菌的要求，应对人体健康无害；应对建筑结构、设备和管道无腐蚀。消毒方式应根据池子的使用性质确定。

竞赛类游泳池、公共类游泳池宜采用臭氧消毒并辅以长效消毒剂系统。用于游泳池和水上游乐池的其他消毒剂和消毒方式还有氯消毒、紫外线消毒、氰尿酸消毒和无氯消毒剂等。

（五）加热

游泳池和水上游乐池水的耗热量组成：游泳池和水上游乐池水表面蒸发损失的热量、游泳池和水上游乐池池壁和池底以及管道和设备等传导所损失的热量、补充新鲜水加热需要的热量。

游泳池和水上游乐池水的加热宜采用间接加热方式，优先采用余热和废热、太阳能、热泵等热源，应根据热源情况和使用性质确定。

（六）净化设备机房

游泳池和水上游乐池的循环水净化处理设备主要有过滤器、循环水泵和消毒装置。设备用房的位置应尽量靠近游泳池和水上游乐池，并靠近热源和室外排水管接口，方便药剂和设备的运输。

机房面积和高度应满足设备布置、安装、操作和检修的要求，留有设备运输出入口和吊装孔；并要有良好的通风、采光、照明和隔声措施；有地面排水设施；有相应的防毒、防火、防爆、防气体泄漏、报警等装置。

五、洗净设施

（一）浸脚消毒池

为减轻游泳池和水上游乐池水的污染程度，进入水池的每位人员应对脚部进行洗净消毒。应在进入游泳池或水上游乐池的入口通道上设置浸脚消毒池，保证进入池子的人员通过，不得绕行或跳越通过。浸脚消毒池的长度不小于 2m，池宽与通道宽度相等，池内消毒液的有效深度不小于 0.15m。浸脚消毒池和配管应采用耐腐蚀材料制造，池内消毒液含氯浓度应保持在 5~10mg/L。

（二）强制淋浴

在游泳池和水上游乐池入口通道处宜设置强制淋浴，目的是清除游泳者和游乐者身体上污物，强制淋浴通道的尺寸应使被洗洁人员有足够的冲洗强度和冲洗效果。

第二节　水景给水排水设计

水景是利用水流的形式、姿态、声音美化环境、装饰厅堂、提高艺术效果的人工装置，由各种不同构造的喷头等装置模拟自然水流形成的，各种基本水流形状相互组合构成了多姿多态的水景造型，可以起到增加空气的湿度、增加负氧离子浓度、净化空气、降低气温等改善小区气候的作用，也能兼作消防、冷却喷水的水源。

一、水质

水景可采用天然水、城镇给水或再生水作为水源，非亲水性水景景观用水水质应符合现行《地表水环境质量标准》GB 3838 中规定的Ⅳ类标准；亲水性水景景观用水水质应符合《地表水环境质量标准》GB 3838 中规定的Ⅲ类标准；亲水性水景的补水水质应符合国家现行相关标准的规定。当水质无法满足规定要求时，应进行净化处理和水质消毒。非亲水性的室外景观水体用水水源不得采用市政自来水和地下井水。

二、形式

水景有直流式和循环式两种给水形式，直流式给水系统是将水源来水通过管道和喷头连续不断地喷水，给水射流后的水收集后直接排出系统，这种给水系统管道简单、无循环设备、占地面积省、投资小、运行费用低，但耗水量大，适用场合较少。水景用水宜循环使用，循环给水系统是利用循环水泵、循环管道和贮水池将水景喷头喷射的水收集后反复使用，其土建部分包括水泵房、水池、管沟、阀门井等；设备部分由喷头、管道、阀门、水泵、补水箱、灯具、供配电装置和自动控制等组成。

固定式水景工程中的构筑物、设备及管道固定安装，不能随意搬动，常用的有水池式、浅碟式和楼板式。水池式是建筑物广场和庭院前常用的水景形式，将喷头、管道、阀门等固定安装在水池内部。图 6-3 为适合在室内布置的楼板式水景工程，喷头和地漏暗装在地板内，管道、水泵及集水池等布置在附近的设备间。楼板地面上的地漏和管道将喷出的水汇集到集水池中。

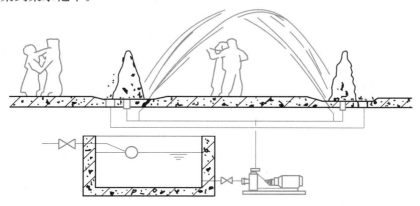

图 6-3　楼板式水景工程

小型水景工程中还有半移动式和移动式水景工程。半移动式水景工程中的水池等土建结构固定不动，而主要设备中将喷头、配水器、管道、潜水泵和灯具成套组装后可以随意移动。移动式水景则是将包括水池在内的全部水景设备一体化，可以任意整体搬动，常采用微型泵和管道泵，如图 6-4 所示。

水景设计应根据总体规划和布局、建筑物功能、周围环境具体情况进行。选择的水流形态应突出主题思想，与建筑环境融为一体；发挥水景工程的多功能作用，降低工程投资，力求以最小的能量消耗达到良好的观赏和艺术效果。

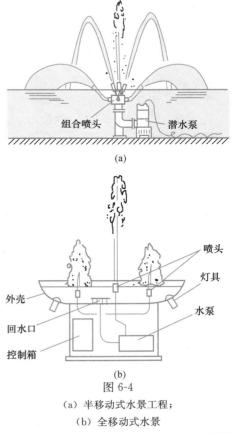

三、主要设施及管道

水池是水景作为点缀景色、贮存水量、敷设管道之用的构筑物，形状和大小视需要而定。平面尺寸除应满足喷头、管道、水泵、进水口、泄水口、溢流口、吸水坑的布置要求外，室外水景应考虑到防止水的飞溅，一般比计算要求每边加大 0.5～1.0m。水池的深度应按水泵型号、管道布置方式、其他功能要求确定。对于潜水泵应保证吸水口的淹没深度不小于 0.5m；有水泵吸水口时应保证喇叭管口的淹没深度不小于 0.5m；深碟式集水池最小深度为 0.1m。水池应设置溢流口、泄水口和补水装置，池底应设 1% 的坡度坡向集水坑或泄水口。水池应设置补水管、溢流

图 6-4
（a）半移动式水景工程；
（b）全移动式水景

管、泄水管，宜采用强度高、耐腐蚀的管材。在池周围宜设置排水设施。当采用生活饮用水作为补充水时应考虑防止回流污染的措施，补水管上应设置用水计量装置。

采用循环系统的补充水量应根据蒸发、飘失、渗漏、排污等损失确定，室内工程宜取循环水流量的 $1\%\sim3\%$；室外工程宜取循环水流量的 $3\%\sim5\%$。瀑布、涌泉、溪流等水景工程设计的循环流量应为计算流量的 1.2 倍。

水景工程循环水泵宜采用潜水泵，直接设置于水池底。循环水泵宜按不同特性的喷头、喷水系统分开设置，其流量和扬程按照喷头形式、喷水高度、喷嘴直径和数量，以及管道系统的水头损失等经计算确定。

水景工程宜采用高强度、耐腐蚀管材。管道布置时力求管线简短，应按不同特性的喷头设置配水管，为保证供水水压一致和稳定配水管宜布置成环状，配水管的水头损失一般采用 $50\sim100Pa/m$；流速不超过 $0.5\sim0.6m/s$。同一水泵机组供给不同喷头组的供水管上应设流量调节装置，并设在便于观察喷头射流的水泵房内或是水池附近的供水管上。管道接头应严密和光滑，变径应采用异径管接头，转弯角度大于 $90°$。

习 题

1. 游泳池采用混合流式循环时，从池子水表面溢流的回水量，宜按循环水量的（　　）确定。

A. 40%；B. 50%；C. 60%；D. 90%

2. 儿童游泳池的水深不得大于（　　）m。

A. 0.5；B. 0.6；C. 0.7；D. 0.8

3. 某游泳池体积为 $100m^3$，则其循环水量为（　　）m^3/h。（水容积附加系数 $a=1.1$，循环周期 $T=10h$)

A. 5；B. 8；C. 11；D. 15

4. 游泳池循环水系统应根据（　　）因素，设计成一个或若干个独立的循环系统。

A. 水质、水温、水压和使用功能；

B. 水量、水温、水压和使用功能；

C. 水质、水温、水压和使用人数等；

D. 水质、水温、水量和使用功能

5. 为防止水质污染。当游泳池、水上游乐池、接触池、水景观赏池、循环冷却水集水池等的充水或补水管道出口与溢流水位之间的空气间隙＜出口管径 2.5 倍时，应采取（　　）。

A. 在水池水面设置浮球阀；

B. 在充（补）水管上设置止回阀；

C. 在充（补）水管上设置闸阀；

D. 在充（补）水管上设置倒流防止器

第七章

建筑给水排水工程设计程序、管线综合、节水节能及验收

第一节　设计程序和图纸要求

一个建筑物的兴建，一般都需要建设单位（通称甲方）根据建筑工程要求，提出申请报告（或称为工程计划任务书），说明建设用途、规模、标准、投资估算和工程建设年限，并申报政府建设主管部门批准，列入年度基建计划。经主管部门批准后，才由建设单位委托设计单位（通称乙方）进行工程设计。

在上级批准的设计任务书及有关文件（例如建设单位的申请报告、上级批文、上级下达的文件等）齐备的条件下，设计单位才可接受设计任务，开始组织设计工作。建筑给水排水工程是整个工程设计的一部分，其程序与整体工程设计是一致的。

一、划分设计阶段

一般的工程设计项目可划分为两个阶段：初步设计阶段和施工图设计阶段。

对于技术复杂、规模较大或较重要的工程项目，可分为三个阶段：方案设计阶段、初步设计阶段和施工图设计阶段。

二、设计内容和要求

1. 方案设计

进行方案设计时，应从建筑总图上了解建筑平面位置、建筑层数及用途、建筑外形特点、建筑物周围地形和道路情况。还需要了解市政给水管道的具体位置和允许连接引入管处管段的管径、埋深、水压、水量及管材；了解排水管道的具体位置、出户管接入点的检查井标高、排水管径、管材、排水方向和坡度，以及排水体制。必要时，应到现场踏勘，落实上述数据是否与实际相符。

掌握上述情况后才可进行以下工作：

（1）根据建筑使用性质，计算总用水量，并确定给水、排水设计方案。

（2）向建筑专业设计人员提供给排水设备（如水泵房、锅炉房、水池、水箱等）的安装位置、占地面积等。

（3）编写方案设计说明书，一般应包括以下内容：

1）设计依据。

2）建筑物的用途、性质及规模。

3）给水系统：说明给水的用水定额及总用水量，选用的给水系统和给水方式，引入管平面位置及管径，升压、贮水设备的型号、容积和位置等。

4）排水系统：说明选用的排水体制和排水方式，出户管的位置及管径，污废水抽升和局部处理构筑物的型号和位置，以及雨水的排除方式等。

5）热水系统：说明热水用水定额、热水总用水量、热水供水方式、循环方式、热媒及热媒耗量、锅炉房位置，以及水加热器的选择等。

6）消防系统：说明消防系统的选择，消防给水系统的用水量，以及升压和贮水设备的选择、位置和容积等。

方案设计完毕，在建设单位认可，并报主管部门审批后，可进行下一阶段的设计工作。

172

2. 初步设计

初步设计是将方案设计确定的系统和设施，用图纸和说明书完整地表达出来。

（1）图纸内容

1）给水排水总平面图：应反映出室内管网与室外管网如何连接。内容有室外给水、排水及热水管网的具体平面位置和走向。图上应标注管径、地面标高、管道埋深和坡度（排水管）、控制点坐标，以及管道布置间距等。

2）平面布置图：表达各系统管道和设备的平面位置。通常采用比例尺为1∶100，如管线复杂时可放大至1∶50～1∶20。图中应标注各种管道、附件、卫生器具、用水设备和立管（立管应进行编号）的平面位置，以及管径和排水管道的坡度等。通常是把各系统的管道绘制在同一张平面布置图上，当管线错综复杂，在同一张平面图上表达不清时，也可分别绘制各类管道的平面布置图。

3）系统布置图（简称系统图）：表达管道、设备的空间位置和相互关系。各类管道的系统图要分别绘制。图中应标注管径、立管编号（与平面布置图一致）、管道和附件的标高，排水管道还应标注管道的坡度。

4）设备材料表：列出各种设备、附件、管道配件和管材的型号、规格、材质、尺寸和数量，供概预算和材料统计使用。

（2）初步设计说明书内容

1）计算书：各个系统的水力计算、设备选型计算。

2）设计说明：主要说明各种系统的设计特点和技术性能，各种设备、附件、管材的选用要求及所需采取的技术措施（如水泵房的防振、防噪声技术要求等）。

3. 施工图设计

（1）图纸内容　在初步设计图纸的基础上，补充表达不完善和施工过程中必须绘出的施工详图，主要包括：

1）卫生间大样图（平面图和管线透视图）。

2）地下贮水池和高位水箱的工艺尺寸和接管详图。

3）泵房机组及管路平面布置、剖面图。

4）管井的管线布置图。

5）设备基础留洞位置及详细尺寸图。

6）某些管道节点大样图。

7）某些非标准设备或零件详图。

（2）施工说明　施工说明是用文字表达工程绘图中无法表示清楚的技术要求，要求写在图纸上作为施工图纸的一部分。施工说明主要内容包括：

1）说明管材的防腐、防冻、防结露技术措施和方法，管道的固定、连接方法，管道试压、竣工验收要求以及一些施工中的特殊技术处理措施。

2）说明施工中所要求采用的技术规程、规范和采用的标准图号等一些文件的出处。

3）说明（绘出）工程图中所采用的图例。

所有图纸和说明应编有图纸序号，并写出图纸目录。

三、向其他有关专业设计人员提供的技术数据

1. 向建筑专业设计人员提供的技术数据

（1）水池、水箱的位置及容积的工艺尺寸要求；

（2）给水排水设备用户面积及高度要求；

（3）各管道竖井位置及平面尺寸要求等。

2. 向结构专业设计人员提供的技术数据

（1）水池、水箱的具体工艺尺寸，水的荷重；

（2）预留孔洞位置及尺寸（如梁、板、基础或地梁等预留孔洞）等。

3. 向采暖、通风专业设计人员提供的技术数据

（1）热水系统最大时耗热量；

（2）蒸汽接管和冷凝水接管位置；

（3）泵房及一些设备用房的温度和通风要求等。

4. 向电气专业设计人员提供的技术数据

（1）水泵机组用电量，用电等级；

（2）水泵组自动控制要求，水池和水箱的最高水位和最低水位；

（3）其他自动控制要求，如消防的远距离启动、报警等要求。

5. 向技术经济专业设计人员提供的技术数据

（1）材料、设备及文字说明；

（2）设备图纸；

（3）协助提供掌握的有关设备单价。

第二节　管　线　综　合

一个建筑物的完整设计，涉及多种设施的布置、敷设与安装。当布置各种设备、管道时应统筹兼顾，合理综合布置，做到既能满足各专业的技术要求，又布置整齐有序，以便于施工和以后的维修。因此，给水排水专业人员应注意与其他专业密切配合、相互协调。

一、管线综合设计基本原则

（1）电缆（动力、自控、通信）桥架与输送液体的管线应分开布置，以免管道渗漏时，损坏电缆或造成更大的事故。若必须在一起敷设，电缆应考虑设套管等保护措施。

（2）先保证重力流管线的布置，并满足其坡度的要求，以达到水流通畅的效果。

（3）考虑施工的顺序，先施工的管线在里边，需保温的管线放在易施工的位置。

（4）先布置管径大的管线，后考虑管径小的管线。冷水管线避让热水管线，排水管线避让给水管线。

（5）分层布置时，由上而下按蒸汽、热水、给水、排水管线顺序排列。

二、管沟、管井与技术设备层

管沟有通行和不通行管沟之分。不通行管沟，管线应沿两侧布置，中间留有施工空间，当遇事故时，检修人员可爬行进入管沟检查管线；可通行管沟，管线沿两侧布置，中间留有通道和施工空间。

管道竖井有进人管道井和不进人管道井两种。规模较大建筑的专用管道竖井。每层留有检修门，可进入管道竖井内施工和检修，布置管线应考虑施工的顺序，如图7-1所

示。图 7-2 为较小型的管道竖井或称专用管槽，管道安装完毕后才装饰外部墙面，安装检修门。

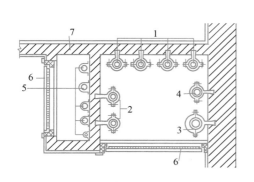

图 7-1　进人管道井

1—采暖和热水管道；2—给水和消防管道；
3—排水立管；4—专用通气立管；
5—电缆；6—检修门；7—墙体

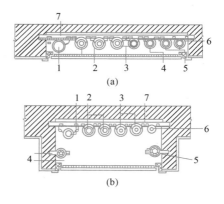

图 7-2　不进人管道井

（a）全部在墙内；（b）小型管道竖井

1—排水立管；2—采暖立管；3—热水回水立
管；4—消防立管；5—水泵加压管；6—给水
立管；7—角钢

由于吊顶空间较小，管线布置时应考虑施工的先后顺序、安装操作距离、支托吊架的空间和预留维修检修的余地。管线安装一般是先装大管，后装小管；先固定支、托、吊架，后安装管道。图 7-3 为地下室吊顶内的管线布置，由于吊顶内空间较大，可按专业分段布置。此方式也可用于顶层闷顶内的管线布置。为防止吊顶内敷设的冷水管道和排水管道有凝结水下滴而影响顶棚美观，故应对冷水管道和排水管道采取防结露措施。

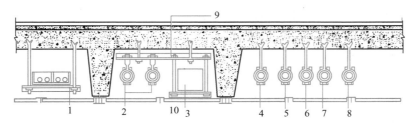

图 7-3　吊顶内管线布置

1—电缆桥架；2—采暖管；3—通风管；4—消防管；5—给水管；
6—热水供水管；7—热水回水管；8—排水干管；9—角钢；10—吊顶

技术设备层空间较大，管线布置也应整齐有序，以利于施工和今后维修管理，故宜采用管道排架布置，如图 7-4 所示。由于排水管线坡度较大，可采用吊架敷设，以便于调整管道坡度。管线布置完毕，与各专业技术人员协商后，即可绘出各管道布置断面图，图中应标明管线的具体位置和标高，并说明施工要求和顺序，各专业即可按照给定的管线位置和标高进行施工设计。

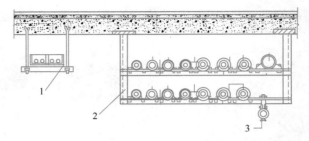

图 7-4　技术设备层管线布置
1—电缆桥架；2—管道排架；3—排水干管吊架敷设

第三节　竣　工　验　收

竣工验收应按照国家现行标准《建筑给水排水及采暖工程施工质量验收规范》GB 50242和《自动喷水灭火系统施工及验收规范》GB 50261等进行。

一、建筑内部给水系统竣工验收

建筑内部给水系统施工安装完毕，进行竣工验收时，应出具下列文件：

（1）施工图纸（包括选用的标准图集和通用图集）和设计变更。

（2）施工组织设计或施工方案。

（3）材料和制品的合格证或试验记录。

（4）设备和仪表的技术性能证明书。

（5）水压试验记录，隐蔽工程验收记录和中间验收记录。

（6）单项工程质量评定表。

暗装管道的外观检查和水压试验，应在隐蔽前进行。保温管道的外观检查和试验，应在保温前进行。无缝钢管可带保温层进行水压试验，但在试验前，焊接接口和连接部分不应保温，以便进行直观检查。

在冬季进行水压试验时，应采取防冻措施（北方地区），试压后应放空管道中的存水。

室内直埋给水管道（塑料管道和复合管道除外）应做防腐处理，埋地管道的防腐层材质和结构应符合设计要求。

给水管道必须采用与管材相适应的管件。生活给水系统管道在交付使用前必须进行冲洗和消毒，并经有关部门取样检验，待符合国家《生活饮用水卫生标准》GB 5749后方可使用。

室内给水管道系统，在试验合格后，方可与室外管网或室内加压泵房连接。

室内生活饮用和消防系统给水管道的水压试验必须符合设计要求，当设计未注明时，各种材质的给水管道系统试验压力均为工作压力的 1.5 倍，但不得小于 0.6MPa。水压试验的方法按下列规定进行：金属及复合管给水管道系统在试验压力下观测 10min，压力降不应大于 0.02MPa，然后降到工作压力进行检查，应不渗不漏；塑料管给水系统应在试验压力下稳压 1h，压力降不得超过 0.05MPa，然后在工作压力的 1.15 倍状态下稳压 2h，压力降不得超过 0.03MPa，同时检查各连接处不得渗漏。

室内给水管道系统验收时，应检查以下各项：①管道平面位置、标高和坡度是否正确。②管道的支、吊架安装是否平整牢固，其间距是否符合规范要求。③管道、阀体、水表和卫生洁具的安装是否正确及有无漏水现象。④生活给水及消防给水系统的通水能力。室内生活给水系统，应按设计要求同时开放最大数量，配水点是否全部达到额定流量。高层建筑可根据管道布置采取分层、分区段的通水试验。

给水设备安装工程验收时，应注意：①水泵就位前的基础混凝土强度、坐标、标高、尺寸和螺栓孔位置必须符合设计规定，应对照图纸用仪器和尺量检查。②水泵试运转的轴承温升必须符合设备说明书的规定（可通过温度计实测检查）。③立式水泵的减振装置不应采用弹簧减振器。④敞口水箱的满水试验和密闭水箱（罐）的水压试验必须符合设计规定。检验方法：满水试验静置 24h 观察，应不渗不漏；水压试验在试验压力下 10min 压力不降，并不渗不漏。⑤水箱支架或底座安装，其尺寸及位置应符合设计规定，埋设平整牢固。⑥水箱溢流管和泄放管应设置在排水地点附近，但不得与排水管直接连接。

二、建筑消防系统竣工验收

进行竣工验收时，应出具下列文件：

①批准的竣工验收申请报告、设计图纸、公安消防监督机构的审批文件、设计变更通知单、竣工图；②地下及隐蔽工程验收记录，工程质量事故处理报告；③系统试压、冲洗记录；④系统调试记录；⑤系统联动试验记录；⑥系统主要材料、设备和组件的合格证或现场检验报告；⑦系统维护管理规章、维护管理人员登记表及上岗证。

（一）消防系统供水水源

室外给水管网的进水管的管径及供水能力、消防水箱和水池容量均应符合设计要求。当采用天然水源做系统的供水水源时，其水量、水质应符合设计要求，并应检查枯水期最低水位时确保消防用水的技术措施。

（二）消防泵房

消防泵房设备的应急照明、安全出口应符合设计要求。工作泵、备用泵、吸水管、出水管及出水管上的泄压阀、信号阀等的规格、型号、数量应符合设计要求。当出水管上安装闸阀时应锁定在常开位置。消防水泵出水管上应安装试验用的放水阀及排水管。

备用电源、自动切换装置的设备应符合设计要求。打开消防水泵出水管的放水试验阀，当用主电源启动消防水泵时，消防水泵应启动正常；关掉主电源、主、备电源应能正常切换。

设有消防气压给水设备的泵房，当系统气压下降到设计最低压时，通过压力开关信号应能启动消防水泵。

消防水泵接合器数量及进水管位置应符合设计要求，消防水泵接合器应进行充水试验，且系统最不利点的压力、流量应符合设计要求。

（三）室内消火栓灭火系统

室内消火栓灭火系统应在出水压力符合现行国家有关建筑设计防火规范的条件下进行，并应保证在工作泵与备用泵转换运行、消防控制室内操作启停泵、消火栓处操作启泵按钮的检查中，控制功能正常，信号正确。

室内消火栓系统安装完成后，应取屋顶（北方一般在屋顶水箱间等室内）试验消火栓和首层取两处消火栓做试射试验，达到设计要求为合格。

安装消火栓水龙带，水龙带与水枪和快速接头绑扎好后，应根据箱内构造将水龙带挂放在箱内的挂钉、托盘或支架上。箱式消火栓的安装应栓口朝外，栓口中心距地面为1.1m，阀门中心距箱侧面为140mm，距箱后内表面为100mm，消火栓箱体垂直安装，允许偏差应符合要求。

（四）自动喷水灭火系统

自动喷水灭火系统的施工必须由具有相应等级资质的施工队伍承担。系统竣工后，必须进行工程验收。不合格不得投入使用。

喷头的现场检验应符合下列要求：①喷头的商标、型号、公称动作温度、响应时间指数（RTI）、制造厂、生产日期等标志应齐全；②喷头的型号、规格应符合设计要求；③喷头的外观应无加工缺陷和机械损伤；④喷头螺纹密封面应无伤痕、毛刺、缺丝、断丝现象；⑤闭式喷头应进行密封性能试验，以无渗漏、无损伤为合格。

喷头安装应在系统试压、冲洗合格后进行。喷头安装时，不得对喷头进行拆装、改动，严禁附加任何装饰性涂层。喷头安装应用专用扳手，变形或损伤时应采用相同喷头更换。

管网安装完毕后应进行强度试验、严密性试验、冲洗。

三、建筑内部排水系统竣工验收

（一）灌水试验

隐藏或埋地的排水管道在隐藏前必须做灌水试验，其灌水高度应不低于底层卫生器具的上边缘或底层地面高度。检验方法：灌水15min，待水面下降后，再灌满观察5min，液面不下降、管道及接口无渗漏为合格。

安装在室内的雨水管道安装后应做灌水试验，灌水高度必须到达每根立管上部的雨水斗。检验方法：灌水试验持续1h，不渗不漏。

（二）检查室内排水系统质量

应检查管道平面位置、标高、坡度、管径、管材是否符合工程设计要求；干管与支管及卫生洁具位置是否正确，安装是否牢固，管道接口是否严密。室内排水管道安装的允许偏差应符合规定。

排水塑料管必须按设计要求及位置装设伸缩节。如设计无要求时，伸缩节间距不大于4m。高层建筑中明设排水塑料管道应按设计要求设置阻火圈或防火套管。

排水主立管及水平干管管道均应做通球试验，通球的球径应不小于排水管道管径的2/3，通球率必须达到100%。

四、建筑内部热水供应系统竣工验收

（一）水压试验

热水供应系统安装完毕，管道保温之前应进行水压试验。试验压力应符合设计要求。当设计未注明时，热水供应系统消耗的试验压力应为系统顶点的工作压力加0.1MPa。同时在系统顶点的试验压力应不小于0.3MPa。检验方法：钢管或复合管道系统试验压力下10min内压力降不大于0.02MPa，然后降至工作压力检查，压力应不降，且不渗不漏；塑料管道系统在试验压力下稳压1h，压力降不得超过0.05MPa，然后在工作压力1.15倍状态下稳压2h，压力降不得超过0.03MPa，连接处不得渗漏。

（二）检查室内热水供应系统质量

管道的走向、坡向、坡度及管材规格是否符合设计图纸要求。管道连接件、支架、伸缩器、阀门、泄水装置、放气装置等位置是否正确；接头是否牢固、严密等；阀门及仪表是否灵活、准确；热水温度是否均匀，是否达到设计要求。

热水供应管道和阀门安装的允许偏差应符合规定。热水供应系统应保温（浴室内明装管道除外），保温材料、厚度、保护壳等应符合设计规定。保温层厚度和平整度的允许偏差应符合规定。

热水供水、回水及凝结水管道系统，在投入使用以前，必须进行清洗，以清除管道内的焊渣、锈屑等杂物，此工作一般在管道压力试验合格后进行。对于管道内杂质较多的管道系统，可在压力试验前进行清洗。

附　　录

U_0（%）	α_c	U_0（%）	α_c
1.0	0.00323	4.0	0.02816
1.5	0.00697	4.5	0.03263
2.0	0.01097	5.0	0.03715
2.5	0.01512	6.0	0.04629
3.0	0.01939	7.0	0.05555
3.5	0.02374	8.0	0.06489

给水管段设计秒流量计算表[U（%）；q(L/s)]   附录 1-2

U_0	1.0		1.5		2.0		2.5	
N_g	U	q	U	q	U	q	U	Q
1	100.00	0.20	100.00	0.20	100.00	0.20	100.00	0.20
2	70.94	0.28	71.20	0.28	71.49	0.29	71.78	0.29
3	58.00	0.35	58.30	0.35	58.62	0.35	58.96	0.35
4	50.28	0.40	50.60	0.40	50.94	0.41	51.30	0.41
5	45.01	0.45	45.34	0.45	45.69	0.46	46.06	0.46
6	41.12	0.49	41.54	0.50	41.81	0.50	39.17	0.51
7	38.09	0.53	38.43	0.54	38.79	0.54	42.18	0.55
8	35.65	0.57	35.99	0.58	36.36	0.58	36.74	0.59
9	33.63	0.61	33.98	0.61	34.35	0.62	34.73	0.63
10	31.92	0.64	32.27	0.65	32.64	0.65	33.03	0.66
11	30.45	0.67	30.80	0.68	31.17	0.69	31.56	0.69
12	29.17	0.70	29.52	0.71	29.89	0.72	30.28	0.73
13	28.04	0.73	28.39	0.74	28.76	0.75	29.15	0.76
14	27.03	0.76	27.38	0.77	27.76	0.78	28.15	0.79
15	26.12	0.78	26.48	0.79	26.85	0.81	27.24	0.82
16	25.30	0.81	25.66	0.82	26.03	0.83	26.42	0.85
17	24.56	0.83	24.91	0.85	25.29	0.86	25.68	0.87
18	23.88	0.86	24.23	0.87	24.61	0.89	25.00	0.90
19	23.25	0.88	23.60	0.90	23.98	0.91	24.37	0.93
20	22.67	0.91	23.02	0.92	23.40	0.94	23.79	0.95
22	21.63	0.95	21.98	0.97	22.36	0.98	22.75	1.00
24	20.72	0.99	21.07	1.01	21.45	1.03	21.85	1.05
26	19.92	1.04	20.27	1.05	20.65	1.07	21.05	1.09
28	19.21	1.08	19.56	1.10	19.94	1.12	20.33	1.14
30	18.56	1.11	18.92	1.14	19.30	1.16	19.69	1.18
32	17.99	1.15	18.34	1.17	18.72	1.20	19.12	1.22
34	17.46	1.19	17.81	1.21	18.19	1.24	18.59	1.26

汽车库室内外消火栓给水系统用水量 附录 2-1

名　称	车库类别	车位（辆）	室外消火栓用水量（L/s）	室内消火栓用水量（L/s）
汽车库	Ⅰ	300＜车位	20	10
	Ⅱ	150＜车位≤300	20	10
	Ⅲ	50＜车位≤150	15	10
	Ⅳ	车位≤50	10	5
修车库	Ⅰ	15＜车位	20	10
	Ⅱ	6＜车位≤15	20	10
	Ⅲ	3＜车位≤5	15	5
	Ⅳ	车位≤2	10	5
停车场	Ⅰ	400＜车位	20	
	Ⅱ	250＜车位≤400	20	
	Ⅲ	100＜车位≤250	15	
	Ⅳ	车位≤100	10	

不同场所的火灾延续时间 附录 2-2

建筑			场所与火灾危险性	火灾延续时间（h）
建筑物	工业建筑	仓库	甲、乙、丙类仓库	3.0
			丁、戊类仓库	2.0
		厂房	甲、乙、丙类厂库	3.0
			丁、戊类厂房	2.0
	民用建筑	公共建筑	高层建筑中的商业楼、展览楼、综合楼，建筑高度大于50m的财贸金融楼、图书馆、书库、重要的档案楼、科研楼和高级宾馆等	3.0
			其他公共建筑	2.0
			住宅	
	人防工程		建筑面积小于3000m²	1.0
			建筑面积大于或等于3000m²	2.0
			地下建筑、地铁车站	
构筑物	煤、天然气、石油及其产品的工艺装置		—	3.0
	甲、乙、丙类可燃液体储罐		直径大于20m的固定顶罐和直径大于20m的浮盘用易熔材料制作的内浮顶罐	6.0
			其他储罐	4.0
			覆土油罐	
	液化烃储罐、沸点低于45℃甲类液体、液氨储罐			6.0
	空分站、可燃液体、液化烃的火车和汽车装卸栈台			3.0
	变电站			2.0

续表

建筑		场所与火灾危险性	火灾延续时间（h）
构筑物	装卸油品码头	甲、乙类可燃液体油品一级码头	6.0
		甲、乙类可燃液体油品二、三级码头 丙类可燃液体油品码头	4.0
		海港油品码头	6.0
		河港油品码头	4.0
		码头装卸区	2.0
	装卸液化石油气船码头		6.0
	液化石油气加气站	地上储气罐加气站	3.0
		埋地储气罐加气站	1.0
		加油和液化石油气加合建站	
	易燃、可燃材料露天、半露天堆场，可燃气体罐区	粮食土圆囤、席穴囤	6.0
		棉、麻、毛、化纤百货	
		稻草、麦秸、芦苇等	
		木材等	
		露天或半露天堆放煤和焦炭	3.0
		可燃气体储罐	

自动喷水灭火系统设置场所火灾危险等级举例 **附录 2-3**

火灾危险等级		设置场所分类
轻危险级		住宅建筑、幼儿园、老年人建筑、建筑高度为 24m 及以下的旅馆、办公楼；仅在走道设置闭式系统的建筑等
中危险级	Ⅰ级	1）高层民用建筑：旅馆、办公楼、综合楼、邮电楼、金融电信楼、指挥调度楼、广播电视楼（塔）等； 2）公共建筑（含单多层高层）：医院、疗养院；图书馆（书库除外）、档案馆、展览馆（厅）；影剧院、音乐厅和礼堂（舞台除外）及其他娱乐场所；火车站、机场及码头的建筑；总建筑面积小于 5000m² 的商场、总建筑面积小于 1000m² 的地下商场等； 3）文化遗产建筑：木结构古建筑、国家文物保护单位等； 4）工业建筑：食品、家用电器、玻璃制品等工厂的备料与生产车间等；冷藏库、钢屋架等建筑构件
	Ⅱ级	1）民用建筑：书库、舞台（葡萄架除外）、汽车停车场（库）、总建筑面积 5000m² 及以上的商场、总建筑面积 1000m² 及以上的地下商场、净空高度不超过 8m、物品高度不超过 3.5m 的超市市场等； 2）工业建筑：棉毛麻丝及化纤的纺织、织物及制品、木材木器及胶合板、谷物加工、烟草及制品、饮用酒（啤酒除外）、皮革及制品、造纸及纸制品、制药等工厂的备料与生产车间等

火灾危险等级		设置场所分类
严重危险级	Ⅰ级	印刷厂、酒精制品、可燃液体制品等工厂的备料与车间、净空高度不超过 8m、物品高度超过 3.5m 的超级市场等
	Ⅱ级	易燃液体喷雾操作区域、固体易燃物品、可燃的气溶胶制品、溶剂清洗、喷涂油漆、沥青制品等工厂的备料及生产车间、摄影棚、舞台葡萄架下部等
仓库危险级	Ⅰ级	食品、烟酒；木箱、纸箱包装的不然、难燃物品等
	Ⅱ级	木材、纸、皮革、谷物及制品、棉毛麻丝化纤及制品、家用电器、电缆、B组塑料与橡胶及其制品、钢塑混合材料制品、各种塑料瓶盒包装的不燃、难燃物品及各类物品混杂储存的仓库等
	Ⅲ级	A组塑料与橡胶及其制品；沥青制品等

注：塑料、橡胶分类：A组：丙烯腈—丁二烯—苯乙烯共聚物（ABS）、缩醛（聚甲醛）、聚甲基丙烯酸甲酯、玻璃纤维增强聚酯（FRP）、热塑性聚酯（PET）、聚丁二烯、聚碳酸酯、聚乙烯、聚丙烯、聚苯乙烯、聚氨基甲酸酯、高增塑聚氯乙烯（PVC，如人造革、胶片等）、苯乙烯—丙烯腈（SAN）等。丁基橡胶、乙丙橡胶（EPDM）、发泡类天然橡胶、腈橡胶（丁腈橡胶）、聚酯合成橡胶、丁苯橡胶（SBR）等。
B组：醋酸纤维素、醋酸丁酸纤维素、乙基纤维素、氟塑料、锦纶（锦纶 6、锦纶 6/6）、三聚氰胺甲醛、酚醛塑料、硬聚氯乙烯（PVC，如管道、管件等）、聚偏二氟乙烯（PVDC）、聚偏氟乙烯（PVDF）、聚氟乙烯（PVF）、脲甲醛等。氯丁橡胶、不发泡类天然橡胶、硅橡胶等。粉末、颗粒、压片状的 A 组塑料。

几种喷头的技术性能参数　　　　　　　　　　　　　　　　　附录 2-4

喷头类别	喷头公称口径（mm）	动作温度（℃）和色标	
		玻璃球喷头	易熔元件喷头
闭式喷头	15、20	57—橙，68—红 79—黄，93—绿 141—蓝，182—紫红 227—黑，260—黑 343—黑	57～77—本色 80～107—白 121～149—蓝 163～191—红 204～246—绿 260～302—橙 320～343—橙

当 量 长 度 表　　　　　　　　　　　　　　　　　附录 2-5

管件名称	管件直径（mm）								
	25	32	40	50	70	80	100	125	150
45°弯头	0.3	0.3	0.6	0.6	0.9	0.9	1.2	1.5	2.1
90°弯头	0.6	0.9	1.2	1.5	1.8	2.1	3.1	3.7	4.3
三通或四通	1.5	1.8	2.4	3.1	3.7	4.6	6.1	7.6	9.2
蝶阀				1.8	2.1	3.1	3.7	2.7	3.1
闸阀				0.3	0.3	0.3	0.6	0.6	0.9
止回阀	1.5	2.1	2.7	3.4	4.3	4.9	6.7	8.3	9.8

续表

管件名称	管 件 直 径（mm）								
	25	32	40	50	70	80	100	125	150
异径接头	32/25	40/32	50/40	70/50	80/70	100/80	125/100	150/125	200/150
	0.2	0.3	0.3	0.5	0.6	0.8	1.1	1.3	1.6

注：1. 过滤器当量长度的取值，由生产厂提供。
　　2. 当异径接头的出口直径不变而入口直径提高 1 级时，其当量长度应增大 0.5 倍，提高 2 级或 2 级以上时，其当量长度应增 1.0 倍。

排水塑料管水力计算表（$n=0.009$）（de（mm），v（m/s），Q（L/s））　　**附录 3-1**

坡 度	$h/D=0.5$										$h/D=0.6$			
	$de=50$		$de=75$		$de=90$		$de=110$		$de=125$		$de=160$		$de=200$	
	v	Q	v	Q	v	Q	v	Q	v	Q	v	Q	v	Q
0.003											0.74	8.38	0.86	15.24
0.0035									0.63	3.48	0.80	9.05	0.93	16.46
0.004							0.62	2.59	0.67	3.72	0.85	9.68	0.99	17.60
0.005					0.60	1.64	0.69	2.90	0.75	4.16	0.95	10.82	1.11	19.67
0.006					0.65	1.79	0.75	3.18	0.82	4.55	1.04	11.85	1.21	21.55
0.007			0.63	1.22	0.71	1.94	0.81	3.43	0.89	4.92	1.13	12.80	1.31	23.28
0.008			0.67	1.31	0.75	2.07	0.87	3.67	0.95	5.26	1.20	13.69	1.40	24.89
0.009			0.71	1.39	0.80	2.20	0.92	3.89	1.01	5.58	1.28	14.52	1.48	26.40
0.01			0.75	1.46	0.84	2.31	0.97	4.10	1.06	5.88	1.35	15.30	1.56	27.82
0.011			0.79	1.53	0.88	2.43	1.02	4.30	1.12	6.17	1.41	16.05	1.64	29.18
0.012	0.62	0.52	0.82	1.60	0.92	2.53	1.07	4.49	1.17	6.44	1.48	16.76	1.71	30.48
0.015	0.69	0.58	0.92	1.79	1.03	2.83	1.19	5.02	1.30	7.20	1.65	18.74	1.92	34.08
0.02	0.80	0.67	1.06	2.07	1.19	3.27	1.38	5.80	1.51	8.31	1.90	21.64	2.21	39.35
0.025	0.90	0.74	1.19	2.31	1.33	3.66	1.54	6.48	1.68	9.30	2.13	24.19	2.47	43.99
0.026	0.91	0.76	1.21	2.36	1.36	3.73	1.57	6.61	1.72	9.48	2.17	24.67	2.52	44.86
0.03	0.98	0.81	1.30	2.53	1.46	4.01	1.68	7.10	1.84	10.18	2.33	26.50	2.71	48.19
0.035	1.06	0.88	1.41	2.74	1.58	4.33	1.82	7.67	1.99	11.00	2.52	28.63	2.93	52.05
0.04	1.13	0.94	1.50	2.93	1.69	4.63	1.95	8.20	2.13	11.76	2.69	30.60	3.13	55.65
0.045	1.20	1.00	1.59	3.10	1.79	4.91	2.06	8.70	2.26	12.47	2.86	32.46	3.32	59.02
0.05	1.27	1.05	1.68	3.27	1.89	5.17	2.17	9.17	2.38	13.15	3.01	34.22	3.50	62.21
0.06	1.39	1.15	1.84	3.58	2.07	5.67	2.38	10.04	2.61	14.40	3.30	37.48	3.83	68.15
0.07	1.50	1.24	1.99	3.87	2.23	6.12	2.57	10.85	2.82	15.56	3.56	40.49	4.14	73.61
0.08	1.60	1.33	2.13	4.14	2.38	6.54	2.75	11.60	3.01	16.63	3.81	43.28	4.42	78.70

机制排水铸铁管水力计算表 (0.013) [de (mm)，v (m/s)，Q (L/s)] 附录 3-2

坡　度	h/D=0.5								h/D=0.6			
	de=50		de=75		de=100		de=125		de=150		de=200	
	v	Q	v	Q	v	Q	v	Q	v	Q	v	Q
0.005	0.29	0.29	0.38	0.85	0.47	1.83	0.54	3.38	0.65	7.23	0.79	15.57
0.006	0.32	0.32	0.42	0.93	0.51	2.00	0.59	3.71	0.72	7.92	0.87	17.06
0.007	0.35	0.34	0.45	1.00	0.55	2.16	0.64	4.00	0.77	8.56	0.94	18.43
0.008	0.37	0.36	0.49	1.07	0.59	2.31	0.68	4.28	0.83	9.15	1.00	19.70
0.009	0.39	0.39	0.52	1.14	0.62	2.45	0.72	4.54	0.88	9.70	1.06	20.90
0.01	0.41	0.41	0.54	1.20	0.66	2.58	0.76	4.78	0.92	10.23	1.12	22.03
0.011	0.43	0.43	0.57	1.26	0.69	2.71	0.80	5.02	0.97	10.72	1.17	23.10
0.012	0.45	0.45	0.59	1.31	0.72	2.83	0.84	5.24	1.01	11.20	1.23	24.13
0.015	0.51	0.50	0.66	1.47	0.81	3.16	0.93	5.86	1.13	12.52	1.37	26.98
0.02	0.59	0.58	0.77	1.70	0.93	3.65	1.08	6.76	1.31	14.46	1.58	31.15
0.025	0.66	0.64	0.86	1.90	1.04	4.08	1.21	7.56	1.46	16.17	1.77	34.83
0.03	0.72	0.70	0.94	2.08	1.14	4.47	1.32	8.29	1.60	17.71	1.94	38.15
0.035	0.78	0.76	1.02	2.24	1.23	4.83	1.43	8.95	1.73	19.13	2.09	41.21
0.04	0.83	0.81	1.09	2.40	1.32	5.17	1.53	9.57	1.85	20.45	2.24	44.05
0.045	0.88	0.86	1.15	2.54	1.40	5.48	1.62	10.15	1.96	21.69	2.38	46.72
0.05	0.93	0.91	1.21	2.68	1.47	5.78	1.71	10.70	2.07	22.87	2.50	49.25
0.06	1.02	1.00	1.33	2.94	1.61	6.33	1.87	11.72	2.26	25.05	2.74	53.95
0.07	1.10	1.08	1.44	3.17	1.74	6.83	2.02	12.66	2.45	27.06	2.96	58.28
0.08	1.17	1.15	1.54	3.39	1.86	7.31	2.16	13.53	2.61	28.92	3.17	62.30

雨水斗最大允许汇水面积表 附录 3-3

系统形式		虹吸式系统			87 式单斗系统				65 式单斗系统			
管径(mm)		50	75	100	75	100	150	200	75	100	150	200
小时降雨厚度 h (mm/h)	50	480	960	2000	640	1280	2560	4160	480	960	2080	3200
	60	400	800	1667	533	1067	2133	3467	400	800	1733	2667
	70	343	686	1429	457	914	1829	2971	343	686	1486	2286
	80	300	600	1250	400	800	1600	2600	300	600	1300	2000
	90	267	533	1111	356	711	1422	2311	267	533	1156	1778
	100	240	480	1000	320	640	1280	2080	240	480	1040	1600
	110	218	436	909	291	582	1164	1891	218	436	945	1455
	120	200	400	833	267	533	1067	1733	200	400	867	1333
	130	185	369	769	246	492	985	1600	185	369	800	1231
	140	171	343	714	229	457	914	1486	171	343	743	1143
	150	160	320	667	213	427	853	1387	160	320	693	1067
	160	150	300	625	200	400	800	1300	150	300	650	1000
	170	141	282	588	188	376	753	1224	141	282	612	941
	180	133	267	556	178	356	711	1156	133	267	578	889
	190	126	253	526	168	337	674	1095	126	253	547	842
	200	120	240	500	160	320	640	1040	120	240	520	800
	210	114	229	476	152	305	610	990	114	229	495	762
	220	109	218	455	145	291	582	945	109	218	473	727
	230	104	209	435	139	278	557	904	104	209	452	696
	240	100	200	417	133	267	533	867	100	200	433	667
	250	96	192	400	128	256	512	832	96	192	416	640

容积式水加热器容积和盘管型号　　附录 5-1

水加热器型号	容积 (m³)	换热管根数	换热管管径×长度 (mm)	换热面积 (m²)	甲型 第1排	甲型 第2排	甲型 第3排	乙型 第1排	乙型 第2排	丙型 第1排
1	0.5	2		0.86						
1	0.5	3		1.29						
2	0.7	4	φ42×3.5×1620	1.72						
3	1.0	5		2.15						
3	1.0	6		2.58						
3	0.7、1.0	7		3.01						
2、3										
3	1.0	5		2.50						
		6	φ42×3.5×1870	3.00						
		7		3.50						
		8		4.00						
4	1.5	6	φ38×3×2360	3.50				6		
		11		6.50	6	5				
5	2.0	6	φ38×3×2560	3.80				6		
		11		7.00	6	5				
6	3.0	7	φ38×3×2730	4.80						7
		13		8.90				7	6	
		16		11.00	7	6	3			
7	5.0	8	φ38×3×3190	6.30						8
		15		11.90				8	7	
		19		15.20	8	7	4			
8	8.0	7×2	φ38×3×3400	10.62						7×2
		13×2		19.94				7×2	6×2	
		16×2		24.72	7×2	6×2	3×2			
9	10.0	9×2	φ38×3×3400	13.94						9×2
		17×2		26.92				9×2	8×2	
		22×2		34.72	9×2	8×2	5×2			
10	15.0	9×2	φ38×3×4100	20.40						9×2
		17×2		38.96				9×2	8×2	
		22×2		50.82	9×2	8×2	5×2			

注：表中所列 4～7 号加热器盘管排列，以靠近圆心为第 1 排，向外依次为第 2 排、第 3 排。

容积式水加热器尺寸表　　附录 5-2

型号	D_B	容积 (L)	T	L_3	L	R_1	R_2	R_3	E	D_1	G	H	H_0	重量（kg）壳体＋钢管	重量（kg）壳体＋钢管
								1～3 号卧式（钢支座）							
1	$\phi600$	500	0	1742	2100	815	373	420	200	680	181	913	1368	400	410
2	$\phi700$	700	20	1767	2150	815	373	500	240	780	206	963	1468	475	490
3	$\phi800$	1000	50	1990	2400	950	404	590	280	980	232	1014	1570	635	650

1～3 号卧式（砖支座）

型号	D_B	L	L_1	R_1	R_2	R_3	H_1		H_2	H_0		H	
1	$\phi600$	2100	1742	590	485	740	500 1500	1000 2000	158	1265 2265	1765 2765	810 1810	1310 2310
2	$\phi700$	2150	1767	590	485	880	500 1000	1000 2000	183	1365 2366	1865 2866	860 1860	1360 2360
3	$\phi800$	2400	1990	780	490	1000	500 1500	1000 2000	208	1467 2467	1967 2967	911 1911	1411 2411

4～7 号卧式（钢支座）

型号	D_B	(L)	L	L_0	L_1	L_2	L_3	L_4	L_5	L_6	H	H_0	H_1	H_2	H_3	B	C	重量(kg)（钢）	重量(kg)（铜）
4	$\phi900$	1500	3107	1985	258	588	450	1085	660	810	1670	330	1064	606	356	150	120	841	852
5	$\phi1000$	2000	3344	2185	283	600	500	1185	740	900	1770	380	1114	656	356	150	200	948	960
6	$\phi1200$	3000	3602	2335	333	646	500	1335	900	1100	1974	460	1216	758	381	150	240	1399	1418
7	$\phi1400$	5000	4123	2735	383	704	545	1645	1050	1280	2174	520	1316	858	406	205	300	1897	1922

4～7 号卧式（砖支座）

型号	D_B	L_1	L_2	L_3	L_4	L	H_2		H_3	H_1		H	
4	$\phi900$	258	565	855	870	3107	500 1500	1000 2000	230	961 1961	1461 2461	1567 2567	2067 3067
5	$\phi1000$	283	590	1005	990	3344	500 1500	1000 2000	255	1011 2011	1511 2511	1667 2667	2167 3167
6	$\phi1200$	333	595	1145	1120	3602	500 1500	1000 2000	306	1113 2113	1613 2613	1871 2871	2371 3371
7	$\phi1400$	383	595	1545	1490	4123	500 1500	1000 2000	356	1213 2213	1713 2713	2071 3071	2571 3571

8～10 号卧式双孔

型号	D_B	D_P	D_1	D_2	D_3	A	d_1	d_2	d_3	L	L_1	L_2	L_3
8	$\phi1800$	500	160	180	160	370	108×6	89×5	89×5	4679	2700	1100	878
9	$\phi2000$	600	180	210	160	420	133×6	89×5	108×6	4995	2700	1100	1054
10	$\phi2200$	600	180	210	180	420	133×6	108×6	108×6	5883	3400	1450	1131

水嘴设置数量 12 个以上时水嘴同时使用数量　　　　　附录 5-3

n \ p	0.010	0.015	0.020	0.025	0.030	0.035	0.040	0.045	0.050	0.055	0.060	0.065	0.070	0.075	0.080	0.085	0.090	0.095	0.10
13~25	2	2	3	3	3	4	4	4	4	5	5	5	5	6	6	6	6	6	6
50	3	3	4	4	5	5	6	6	7	7	7	8	8	9	9	9	10	10	10
75	3	4	5	6	6	7	8	8	9	9	0	10	11	11	12	13	13	14	14
100	4	5	6	7	8	8	9	10	11	11	12	13	13	14	15	16	16	17	18
125	4	6	7	8	9	10	11	12	13	13	14	15	16	17	18	18	19	20	21
150	5	6	8	9	10	11	12	13	14	15	16	17	18	19	20	21	22	23	24
175	5	7	8	10	11	12	14	15	16	17	18	20	21	22	23	24	25	26	27
200	6	8	9	11	12	14	15	16	18	19	20	22	23	24	25	27	28	28	30
225	6	8	10	12	13	15	16	18	19	21	22	24	25	27	28	29	31	32	34
250	7	9	11	13	14	16	18	19	21	23	24	26	27	29	31	32	34	35	37
275	7	9	12	14	15	17	19	21	23	25	26	28	30	31	33	35	36	38	40
300	8	10	12	14	16	19	21	22	24	26	28	30	32	34	36	37	39	41	43
325	8	10	13	15	18	20	22	24	26	28	30	32	34	36	38	40	42	44	46
350	8	11	14	16	19	21	23	25	28	30	32	34	36	38	40	42	45	47	49
375	9	12	14	17	20	22	24	27	29	32	34	36	38	41	43	45	47	49	52
400	9	12	15	18	21	23	26	28	31	33	36	38	40	43	45	48	50	52	55
425	10	13	16	19	22	24	27	30	32	35	37	40	43	45	48	50	53	55	57

表头说明：$p=\alpha q_{h}/1800nq_{0}$　$\alpha=0.6\sim0.9$；n——饮用净水水嘴总数；q_{h}——设计小时流量（L/h）；q_{0}——饮用净水水嘴额定流量（L/s）

注：1. 可以用内插法。

　　2. 小数点后四舍五入。

参 考 文 献

［1］ 中华人民共和国住房和城乡建设部. 游泳池给水排水工程技术规程：CJJ 122—2017：［S］. 北京：中国建筑工业出版社，2017.

［2］ 中华人民共和国住房和城乡建设部. 建筑给水排水设计标准：GB 50015—2019：［S］. 北京：中国计划出版社，2019.

［3］ 中华人民共和国住房和城乡建设部. 自动喷水灭火系统设计规范：GB 50084—2017：［S］. 北京：中国计划出版社，2017.

［4］ 中华人民共和国住房和城乡建设部. 建筑设计防火规范（2018 年版）：GB 50016—2014：［S］. 北京：中国计划出版社，2014.

［5］ 中华人民共和国住房和城乡建设部. 消防给水及消火栓系统技术规范：GB 50974—2014：［S］. 北京：中国计划出版社，2014.

［6］ 中华人民共和国住房和城乡建设部. 建筑中水设计标准：GB 50336—2018：［S］. 北京：中国建筑工业出版社，2018.

［7］ 中华人民共和国住房和城乡建设部. 消防设施通用规范：GB 55036—2022：［S］. 北京：中国计划出版社，2022.

［8］ 中华人民共和国住房和城乡建设部. 建筑防火通用规范：GB 55037—2022：：［S］. 北京：中国计划出版社，2022.